知りたい！
テクノロジー

図解

サーバー
仕事で使える
基本の知識

増田若奈 [著]

技術評論社

注意事項

- 本書に記載された内容は、情報の提供のみを目的としています。したがって、本書を用いた運用は、必ずお客様自身の責任と判断によって行ってください。これらの情報の運用の結果について、技術評論社および著者はいかなる責任も負いません。

- 本書記載の情報は、特に断りのない限り、2009年6月現在のものを掲載しています。本文中で解説しているWebサイトなどの情報は、予告なく変更される場合があり、本書での説明とは画面図などがご利用時には変更されている可能性があります。

- 以上の注意事項をご承諾いただいた上で、本書をご利用願います。これらの注意事項をお読みいただかずに、お問い合わせいただいても、技術評論社および著者は対処できません。あらかじめ、ご承知おきください。

- 本文中に記載されているブランド名や製品名は、すべて関係各社の商標または登録商標です。

  なお、本文中に®マーク、©マーク、™マークは明記しておりません。

はじめに

　私たちが毎日のように利用している社内LANやインターネットではさまざまなサーバーが活躍しています。ウェブページを見たりメールをチェックするときにはネットワークの向こうでウェブサーバーやメールサーバーが稼働していますし、企業のネットワークにはファイルやプリンタを共有するためのサーバーが設置されています。ネットワークを使ってできることのほとんどはサーバーが提供しているといっても過言ではありません。

　しかし、「サーバー」と聞くと自分とは関係のない遠い存在だと感じる人も少なくないでしょう。サーバーは専門的な知識を持った技術者が扱うもので、普通の人には無理だと思う人もいるかもしれません。

　たしかに、サーバーを構築・運用するには専門知識が必要です。しかし、サーバーの構築・運用は試験ではありませんから、わからないときはマニュアルや書籍、インターネットで調べればいいのです。専門教育を受けた人でなくてもサーバーは構築・運用できます。

　ただし、それには条件があります。サーバーがネットワークの中でどのように機能しているかという基本を理解していることです。サーバーがどのような役割を持っているのか、各ユーザーのPCとの間で何が起こっているのか。それを知っておくことが大切です。

　本書では、この基本となる知識について解説しています。サーバーの詳細な設定内容を解説しているわけではないので、すぐに実践に役立つわけではありません。しかし、本書の内容は実際にサーバーを構築・管理するときに必要となる基礎知識です。意味はわからないがマニュアルにそう書いてあったから、とサーバーを設定すればとりあえず稼働しますが、それではトラブルが起きたときにどう対処すればよいのかわかりませんし、ほかのサーバーを構築・運用することになったときはまた一からマニュアルと首っ引きで取り組むことになります。

　いきなり設定本ではなく本書に興味を持ってくださった読者のみなさんは、「回り道のようでも基本は大切」ということを、すでに理解していると思います。本書が、その場その場の間に合わせではなく、応用のきく基礎知識を身に付ける手助けとなることを願っています。

増田若奈

CONTENTS

第1章 サーバーは何をしているのか　11

サーバーの役割（1）
1-1 サーバーはサービスを提供する 12

サーバーの役割（2）
1-2 サーバーはネットワークを管理する 14

サーバーのタイプ
1-3 クライアント／サーバー型とピア・ツー・ピア型 16

サーバーを構築する理由
1-4 サーバーは何のためにあるのか 18

サーバーが提供するサービスの種類（1）
1-5 インターネット関連のサービス 20

サーバーが提供するサービスの種類（2）
1-6 LAN関連のサービス 22

サーバーの構築（1）
1-7 サーバー構築に必要なハードウェア 24

サーバーの構築（2）
1-8 サーバー構築に必要なソフトウェア 26

ネットワーク管理者の役割
1-9 サーバーを管理する 28

サーバーを取り巻く危険
1-10 サーバーを構築するならセキュリティ対策は必須 30

サーバーの構築・管理を体験する
1-11 サーバー用OSの選び方とネットワークへの接続 32

COLUMN XAMPPでサーバー体験をしよう 34

第2章 ネットワークの基礎を知っておこう　35

	ネットワーク接続の仕組み（1）	
2-1	ネットワークにつながっているとはどういうことか	36
	ネットワーク接続の仕組み（2）	
2-2	データはパケットでやりとりされる	38
	OSI参照モデルの基礎知識	
2-3	プロトコルを階層で考えるOSI参照モデル	40
	TCP/IPプロトコルの基礎知識（1）	
2-4	TCP/IPプロトコルは4つの階層構造をとる	42
	TCP/IPプロトコルの基礎知識（2）	
2-5	TCP/IPプロトコルを使ったデータのやりとりの流れ	44
	TCP/IPプロトコルの基礎知識（3）	
2-6	アプリケーション層とトランスポート層の役割	46
	TCP/IPプロトコルの基礎知識（4）	
2-7	インターネット層とネットワークインターフェイス層の役割	48
	IPアドレスの役割	
2-8	IPアドレスでコンピュータや機器を特定する	50
	2種類あるIPアドレス	
2-9	グローバルIPとプライベートIP	52
	IPアドレスの有効利用	
2-10	サブネッティングとCIDR	54
	アプリケーションとネットワーク	
2-11	ポート番号とは	56
	機器固有の物理アドレス	
2-12	MACアドレスとは	58
	ほかのネットワークへの出入口	
2-13	ルーターの役割	60
	グローバルIPとプライベートIPの変換	
2-14	NAT、NAPTの仕組み	62
	人間がネットワークをわかりやすく使うために	
2-15	IPアドレスとドメイン名	64
COLUMN	日本語ドメインとは	66

第3章 さまざまなサーバーの働き 67

	サーバーの基礎知識	
3-1	用途に合わせてサーバーを用意する	68
	ファイルやプリンタを共有する	
3-2	ファイルサーバーとプリントサーバー	70
	簡便にインターネットに接続できるようにする	
3-3	DHCPサーバーの働き	72
	グローバルIPとドメイン名を変換する	
3-4	DNSサーバーの働き	74
	時刻を合わせる	
3-5	NTPサーバーの働き	76
	ウェブを公開する	
3-6	ウェブサーバーの働き	78
	ウェブページはどのようにできているか	
3-7	ウェブページを構成する技術	80
	動的ページとは何か	
3-8	ウェブサーバーでプログラムを動作させる	82
	メールを送受信する	
3-9	SMTPサーバーの働き	84
	クライアントがメールを受け取る	
3-10	POP3サーバーの働き	86
	データをやりとりする	
3-11	FTPサーバーの働き	88
COLUMN	動画配信とYouTube	90

第4章 社内用Windowsサーバーを構築する　91

基本となるハードウェアとソフトウェア
4-1 サーバーとして使用するコンピュータとOSを用意する ……92

ユーザーやコンピュータを管理する
4-2 ドメインとワークグループ ……94

サーバーの設定と管理を行う
4-3 サーバーマネージャとは ……96

便利で簡単な情報管理システム
4-4 Active Directoryでクライアントを管理する ……98

ユーザーとクライアントPCの登録
4-5 クライアントPCをネットワークに参加させる ……100

クライアントにIPアドレスを割り当てる
4-6 DNSサーバーとDHCPサーバーを稼働させる ……102

ネットワークでファイルの利用を効率的にする
4-7 ファイルサーバーを設定してファイル共有 ……104

ネットワークでプリンタを効率的に使う
4-8 プリントサーバーを設定してプリンタ共有 ……106

ネットワークアダプタ、ルーター、ファイアウォール
4-9 インターネット接続に必要なハードウェア ……108

DNSを設定してインターネットへ接続する
4-10 インターネット用のDNSサーバーを構築する ……110

ケーブルレスネットワーク構築
4-11 無線LANを導入する ……112

仮想専用線でLANとLANを結ぶ
4-12 VPNを導入する ……114

Windows Server 2008評価版を使ってみる
4-13 自宅で実験的にWindowsサーバーを構築する ……116

COLUMN　WindowsとLinuxはどちらにする？ ……118

第5章 インターネットに公開するサーバーを構築する　119

5-1 ウェブサイトを構築する（1）
ウェブサイトを公開する環境を整える 120

5-2 ウェブサイトを構築する（2）
ウェブサーバー用のOSを選ぶ..122

5-3 ウェブサイトを構築する（3）
ウェブサーバーソフトを選ぶ...124

5-4 動くウェブサイトにする
ほかのプログラムやサーバーと連携させる 126

5-5 メールサーバーを構築する
メールサービスを提供できるようにする 128

5-6 DNSサーバーを構築する
取得したドメイン名をDNSサーバーに登録......................130

5-7 もっと便利にサーバーを立ち上げる
インターネットサーバーをアウトソーシング 132

COLUMN データセンターってどんなところ？ 134

第6章 サーバーの管理と運用　135

- **6-1** サーバートラブルの予防と対処
  サーバーを円滑に稼働させる 136
- **6-2** サーバーはどこからでも管理できる
  サーバーをリモートで管理 138
- **6-3** ニーズに応じてクライアントのOSを選ぶ
  クライアントOSが混在するネットワーク 140
- **6-4** グループでの管理が基本
  ユーザーの管理 142
- **6-5** 不正アクセスからデータを守る
  パスワードとアクセス権の管理 144
- **6-6** ネットワークコマンドの使い方
  ネットワークの監視 146
- **6-7** ネットワークコマンドでトラブル発生箇所を探る
  ネットワークに起こる障害 148
- **6-8** 障害の原因を探るためにツールを駆使する
  障害の原因を突き止める 150
- **6-9** バックアップはトラブル対処の基本
  定期的にバックアップを取る 152
- **6-10** 思わぬトラブルに備えてデータを守る
  RAIDとUPSを導入する 154
- **COLUMN** 破られないパスワードを使おう 156

第7章 セキュリティ管理　　157

不正侵入とウイルス、情報漏洩への対策
7-1 セキュリティ対策の重要性...158

企業情報を守る
7-2 企業ネットワークでのセキュリティ対策 160

不正侵入を入口で食い止めるファイアウォール
7-3 ファイアウォールでネットワークを守る..........................162

パケットフィルタリング、サーキットレベルゲートウェイ、
アプリケーションレベルゲートウェイ
7-4 ファイアウォールの種類..164

ファイアウォールの選び方
7-5 判断基準に応じたファイアウォールを選ぶ......................166

内部のサーバーとクライアントを守る
7-6 インターネットに公開するサーバーはDMZに設置する.....168

ファイアウォールを正しく設定する
7-7 ファイアウォールの構築..170

OSのセキュリティ対策
7-8 OSのアップデート..172

セキュリティポリシーを設定する
7-9 OSの設定でセキュリティを強化 174

複雑化する感染経路に対応する
7-10 ウイルス対策ソフトを導入する......................................176

不正なデータをシャットアウトする
7-11 ルーターでのセキュリティ対策......................................178

データの盗聴を防ぐ
7-12 SSLを導入する..180

OSとウイルス対策ソフトを常に最新の状態にする
7-13 クライアントのセキュリティ対策...................................182

APPENDIX...184

INDEX..190

1
chapter

サーバーは何をしているのか

まず最初に「サーバー」とは何なのかを知っておくことにしましょう。本章では、サーバーの役割と接続形態、提供できるサービスの主な種類、構築に必要なソフトウェアやハードウェアなどについて解説します。

chapter 1　サーバーの役割（1）

1 サーバーはサービスを提供する

ほかのコンピュータからの要求に応えるのがサーバーの役目

　企業ネットワークやインターネットなどのネットワークには、サーバーが稼働しています。ネットワークを利用することはサーバーを利用することだと言ってもいいでしょう。

　では、この「サーバー」というものは何をしているのでしょうか。「サーバー」は、英語では「serve」（奉仕する）に「er」を付けて「server」と書きます。そして「serve」の名詞形が「service」（サービス）です。つまり、サーバーとは**サービスを提供するコンピュータ**ということです。誰にサービスするのかというと、ネットワークにつながっているほかのコンピュータです。これを**クライアント**と呼びます。**サービスを提供するのがサーバー、サーバーのサービスを受けるのがクライアント**です。

　サーバーがどんなサービスを提供するかはサーバーごとに異なり、「サーバー」の前にサービスの名前を付けて区別します。メールの送受信サービスを提供するサーバーは**メールサーバー**、インターネットのウェブ閲覧に関するサービスを提供するサーバーは**ウェブサーバー**といった具合です。

　これらのサービスを受けるクライアントは、受けたいサービスに応じて別々のサーバーを利用します。メールを送受信したいときは、メールサービスを提供するメールサーバーを利用します。ネットワークに接続されたプリンタで印刷したいときは、プリンタ共有サービスを提供するプリントサーバーを利用します。

　サーバーと聞くととても難しいもののように思うかもしれませんが、サーバーが提供するサービスの多くは身近なものです。ただ、これまではサービスに対して、それを受けるクライアント側の視点から見ていました。それを、サービスを提供するサーバー側の視点に切り替えましょう。それがサーバーを理解する第一歩です。

サーバーとは何か

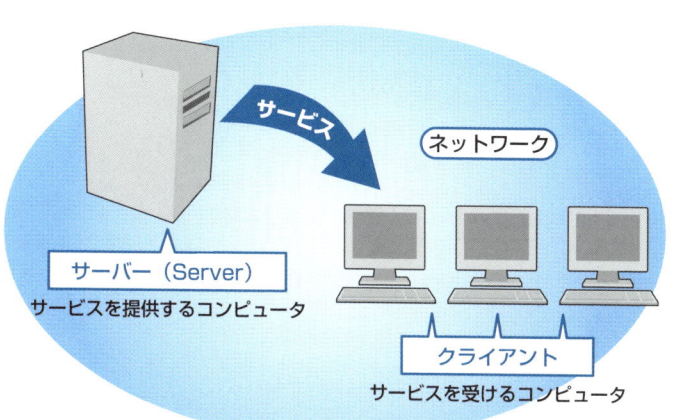

提供するサービス＋サーバー

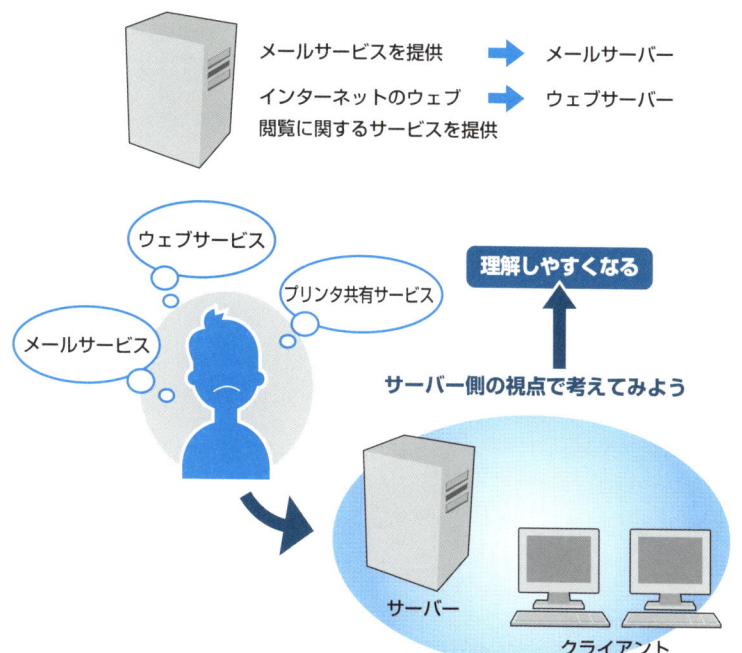

chapter 1 2 サーバーの役割（2）
サーバーはネットワークを管理する

クライアントが安全・快適にネットワークを利用するために重要

　サーバーは、クライアントにさまざまなサービスを提供するとともに、クライアントがネットワークを安全で快適に使用できるように管理しています。ネットワークがきちんと機能するように設定し、ネットワークの使用状況を監視し、記録します。ファイル共有などで使用しているハードディスクをバックアップするのもサーバーの役目です。

　サーバーはクライアントの管理も行います。特に企業ネットワークにおいてクライアント管理は重要で、次のような管理を行っています。

- **ネットワークに参加しているクライアントを管理する**
  企業ネットワークには機密情報が多く存在しますから、勝手にパソコンを持ち込んでネットワークに参加できるようではいけません。サーバー側でクライアントを把握し、管理することが重要です。
- **クライアントごとに利用できるサービスを管理する**
  クライアントが、ネットワークでどのサービスを利用できるかを決めて管理します。部署単位でグループ分けを行い、利用できる、できないを決めることもできます。ファイル共有やプリンタ共有のサービスでは、誰がどのファイルやプリンタを利用できるかなどを細かく設定します。

　人事異動などがあればクライアントの管理設定も変更する必要があり、煩雑な作業が発生します。そのため、サーバーにはクライアント管理のためのソフトウェア**「ディレクトリサービス」**が用意されています。Windowsでは**「Active Directry」**というソフトウェアが使われています。
　また、クライアントに許可なくソフトウェアをインストールできないように制限するなど、セキュリティ上必要な管理もサーバーで行うことが可能です。

chapter 1　サーバーは何をしているのか

サーバーの主な"仕事"

サーバー

クライアントにサービスを提供する

ネットワークを管理する

ネットワークの設定・使用状況の監視・記録・バックアップなど

サーバーでクライアントを管理

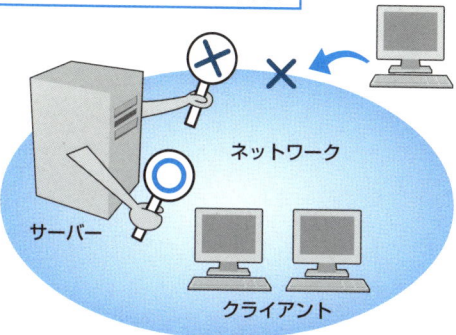

ネットワークに参加しているクライアントを管理

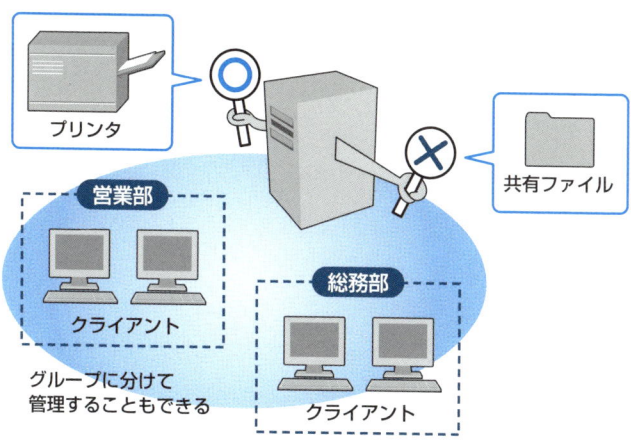

グループに分けて管理することもできる

クライアントごとに利用できるサービスを管理

15

chapter 1　サーバーのタイプ

3 クライアント／サーバー型とピア・ツー・ピア型

ピア・ツー・ピア型は役割分担をせずにお互いにサービスを提供しあう

　サーバーがクライアントに対してサービスを提供する形態のネットワークを、**クライアント／サーバー型**のネットワークと呼びます。ネットワークのほとんどがこのクライアント／サーバー型です。インターネットも、メッセンジャーサービスなど一部のサービスを除き、基本的にクライアント／サーバー型の形態をとっています。

　これに対し、サーバーとクライアントという役割分担をせず、コンピュータ同士がお互いにサービスを提供しあう形態を**ピア・ツー・ピア（P2P）型**のネットワークと呼びます。

　ピア・ツー・ピア型の利点は、サーバーを用意する必要がなく、ネットワークに参加するコンピュータで設定を行うだけでサービスを利用できることです。サーバーと、サーバーを構築・管理するスキルを持った人間が必要となるクライアント／サーバー型に比べると、手軽で安価にネットワークを構築できます。そのため、ピア・ツー・ピア型は数台のコンピュータをつないだ小規模のネットワークで採用されています。

　ただ、ピア・ツー・ピア型のネットワークでは、ファイル共有やプリンタ共有などの限られたサービスしか提供できません。ファイル共有やプリンタ共有に関しても簡単な設定しか行えないので、クライアント／サーバー型のようにクライアントをグループ分けして使用を制限するといった複雑な管理は行えません。企業ネットワークでは、小規模であってもクライアント／サーバー型のネットワークを構築するのが現実的です。

　また、ファイル共有やプリンタ共有など、ピア・ツー・ピア型で提供できるサービスはピア・ツー・ピア型で、そのほかのサービスはクライアント／サーバー型と、サービスごとに別々の形態をとることもできます。家庭でのネットワークではこの形態が多く見られます。

chapter 1　サーバーは何をしているのか

サーバーのタイプは2つに分けられる

クライアント／サーバー型

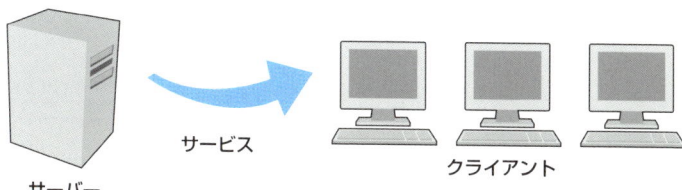

- ネットワークのほとんどがクライアント／サーバー型
- インターネットもクライアント／サーバー型

ピア・ツー・ピア型

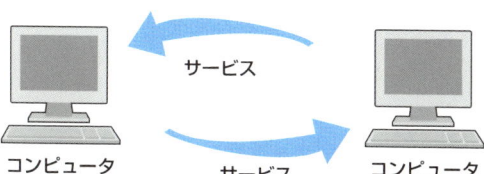

- お互いがサービスを提供し合う

メリット

- サーバーを用意する必要がない
- 設定が簡単で高度なスキルがいらない

デメリット

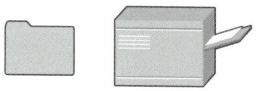

- ファイル共有、プリンタ共有など限られたサービスしか提供できない
- 複雑なユーザー管理はできない

chapter 1 サーバーを構築する理由
4 サーバーは何のためにあるのか

クライアント／サーバー型の方が管理・運用の手間がかからない

　企業ネットワークでは、たとえ小規模であってもクライアント／サーバー型のネットワークを構築するのが一般的です。ピア・ツー・ピア型の方が低コストで手間もかからないのに、どうしてでしょうか。それは、サーバーを構築することで次のようなメリットが生まれるからです。

- **集中管理できる**

　ピア・ツー・ピア型でファイルを共有する場合、共有されているファイルは各コンピュータにバラバラに保存されているので、どこに何があるのかわかりにくいという問題があります。うっかり消去してしまう可能性も増えます。ファイルサーバーを構築すれば、共有するファイルはファイルサーバーにひとまとめに保存されるので、管理は容易ですし、ユーザーは必要なファイルを探しやすくなります。バックアップも簡単です。

- **常時稼働で安定したサービスを提供できる**

　ピア・ツー・ピア型ですと、共有ファイルが保存されているコンピュータや、プリンタが接続されているコンピュータが起動していないとファイルやプリンタを利用できません。かといって、共有のためにコンピュータの電源を入れっぱなしにしたり、勝手に他人のコンピュータを起動して使うのはセキュリティ上の問題があります。それに対してサーバーは24時間常に稼働しているのが原則です。ユーザーはいつでもファイル共有、プリンタ共有のサービスを受けられます。

　つまり、ピア・ツー・ピア型は構築は楽でも、構築後の運用・管理で苦労することが多いのです。安定したサービスを提供する必要がある企業ネットワークでは、クライアント／サーバー型のネットワークを選ぶべきです。

CHAPTER 1　サーバーは何をしているのか

比較でわかるクライアント／サーバー型の主なメリット

クライアント／サーバー型のメリット

●集中管理できる

サーバー
管理

ピア・ツー・ピア型だと……

ファイルを消してしまった！
どこに何があるかわからない

●常時稼働で安定したサービスを提供できる

サーバー
24時間いつでもサービスを提供

ピア・ツー・ピア型だと……

OFF
印刷できない
ファイルが見られない

19

chapter 1 サーバーが提供するサービスの種類（1）

5 インターネット関連のサービス

> ウェブサービス、メールサービス、DNSサービスが代表的

　インターネットでサーバーが提供するサービスの代表的なものは、**ウェブサービス**と**メールサービス**です。

　ウェブサービスは、クライアントが要求したウェブページのデータをウェブサーバーがクライアントに送るという、非常にシンプルなサービスです。シンプルですが、基本の「要求されたデータを送る」機能に別の機能を組み合わせることで、多彩なコンテンツを提供することができるようになっています。

　メールサービスを提供するメールサーバーには、**SMTPサーバー**と**POP3サーバー**があり、この2つを合わせてメールサーバーと呼んでいます。メールの送受信はSMTPサーバーが、受信したメールをクライアントへ渡す役割はPOP3サーバーが担当しています。

　そのほか、クライアントとサーバーの間でファイルをやりとりする**FTPサービス**などがあります。

　そして、インターネットを利用するときに欠かせないのが、DNSサーバーが提供する**DNSサービス**です。これは、インターネットで使われているIPアドレスとドメイン名を対応させるサービスです。DNSサービスがないとウェブ閲覧もメールの送受信も行えません。第3章で詳しく解説しますが、**インターネットを利用するためにはDNSサーバーが必須**ということは覚えておきましょう。

　また、ドメインを取得してウェブサイトを配信したり、メールサービスを稼働させる場合は、構築したDNSサーバーの情報をほかのDNSサーバーに登録する作業も必要となります。

chapter 1　サーバーは何をしているのか

ウェブサービス／メールサービス／DNSサービス

ウェブサービス

ウェブページを構成するデータ → ウェブサーバー ←要求／送る→ クライアント

メールサービス

クライアントA — 送信 → メールサーバー（SMTPサーバー）
クライアントA — 問い合わせ／受信 ← POP3サーバー

クライアントB — 送信 → メールサーバー（SMTPサーバー）
クライアントB — 問い合わせ／受信 ← POP3サーバー

DNSサービス

DNSサーバー：IPアドレス ⇔ ドメイン名

chapter 1　サーバーが提供するサービスの種類（2）

6　LAN関連のサービス

ファイル共有、プリンタ共有のほかにDHCP、DNSサービスが稼働している

　企業ネットワークなどのLANでサーバーが提供しているサービスの代表的なものは**ファイル共有サービス**と**プリンタ共有サービス**です。

　ファイル共有サービスは、**ファイルサーバー**が提供します。共有したいファイルは、ファイルサーバーが管理するハードディスクに保存されます。クライアントはファイルサーバーにアクセスして、必要なファイルを利用します。

　プリンタ共有サービスは、**プリントサーバー**が提供します。このサービスを稼働させることで、ネットワーク内のクライアントが共用のプリンタを利用することができます。プリントサーバーにプリンタを接続するケースと、ネットワークプリンタをネットワークに接続するケースがあります。

　そのほかにLAN内で稼働しているサービスとして、**DHCPサービス**と**DNSサービス**があります。DHCPサービスは、**データのやりとりに必要な情報を自動的にクライアントに提供するサービス**です。

　ネットワークでデータをやりとりするためには、サーバーだけでなくすべてのクライアントに対して必要な情報を設定しなければなりません。その作業を簡便化するのがDHCPサービスです。クライアントが「DHCPを利用する」と設定すれば、自動的に設定作業が行われるので、細かい設定作業を行わずに済みます。

　DNSサービスは、LANの中でも使われています。特にWindowsサーバーで使われているディレクトリサービス「Active Directory」を稼働させるためには、DNSサーバーが必要となります。これはサーバーやプリンタ、ネットワーク機器などに付けられているIPアドレスとホスト名を対応させる役割を持っており、インターネットを利用するためのDNSサービスとは別に用意しなくてはなりません。

chapter 1　サーバーは何をしているのか

ファイル共有サービス／プリンタ共有サービス／DHCPサービス

ファイル共有サービス

共有するファイルを管理

ファイルサーバー → ファイル ← 利用 ← クライアント / クライアント

プリンタ共有サービス

共有するプリンタを管理

プリントサーバー → プリンタ（複数台の接続も可能） ← 利用 ← クライアント / クライアント

DHCPサービス

DHCPサーバー → 設定情報を送る → クライアント / クライアント

受け取った情報を自動的に設定

chapter 1　サーバーの構築（1）

7 サーバー構築に必要なハードウェア

どんなハードウェアでも構わないが、安定性を考えたらサーバー用

　サーバーとして使用するハードウェアには「必ずこれを使わなければいけない」という決まりはありません。サーバー用のOSに対応していて、サービスを提供するためのソフトウェアが動作するのであれば、どんなものでも構いません。

　クライアント用の「パソコン」を使用することもできます。家庭内LANなど、小規模なネットワークの場合によく使います。ただし、サーバー用のハードウェアには、常時安定して動作することが求められます。クライアント用コンピュータのように「簡単」「便利」「静音性」といった性能は必要ありませんし、便利な機能がかえってハードウェア・ソフトウェア構成を複雑にし、安定性を損なうこともあります。そのため、業務用のサーバーにはサーバー用に設計されたハードウェアを選ぶべきです。

　大規模のネットワークでは、専用に設計されたハードウェアで構成された**エンタープライズサーバー**が使われています。大量のデータを高速に処理することができますが、非常に高価です。これに対し、一般的なパソコンと基本的に同じ設計のサーバーを**PCサーバー**と呼びます。多くの企業ネットワークで使われているのはPCサーバーです。最近では大規模のネットワークでもPCサーバーを採用するケースが見られます。

　サーバーの形状で見てみると、**タワー型、ラック型、ブレード型**に分けられます。**タワー型**は、タワー型のパソコンと同じ形状です。**ラック型**は、専用の収納ラックに収まる形状をしています。**ブレード型**は、サーバーとして必要な部品を薄い「ブレード」に集約しています。ブレードは、電源やネットワークに接続するためのインターフェイスなどを備えた**「エンクロージャ」**に収納されています。複数のブレードでエンクロージャが備えている機能を共有し、省スペース・省電力化を図っています。

chapter 1　サーバーは何をしているのか

いろいろあるサーバーのハードウェア

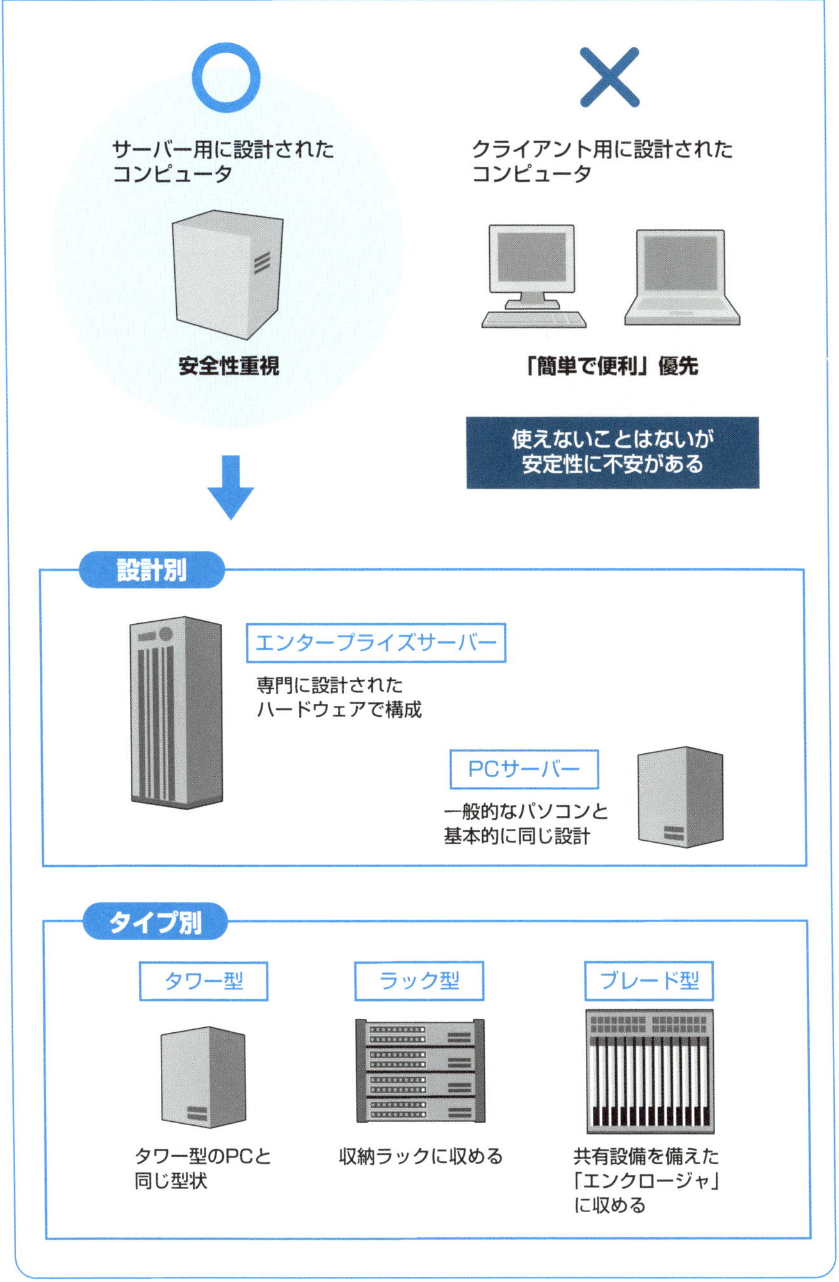

サーバー用に設計された
コンピュータ

安全性重視

クライアント用に設計された
コンピュータ

「簡単で便利」優先

使えないことはないが
安定性に不安がある

設計別

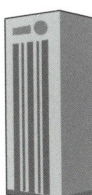

エンタープライズサーバー

専門に設計された
ハードウェアで構成

PCサーバー

一般的なパソコンと
基本的に同じ設計

タイプ別

タワー型	ラック型	ブレード型

タワー型のPCと同じ型状	収納ラックに収める	共有設備を備えた「エンクロージャ」に収める

chapter 1 サーバーの構築（2）
8 サーバー構築に必要なソフトウェア

サーバー用のOSとサービスを提供するソフトウェアが必要

　サーバーを構築するために必要なソフトウェアは、**サーバー用のOS**と、**サービスを提供するサーバーソフト**です。

　サーバー用のOSとしては、マイクロソフト社が開発・販売している**Windows系**と**UNIX系**が広く使われています。Windows系OSの最新バージョンは2009年6月現在「**Windows Server 2008**」です。用途に合わせて「Enterprise Edition 2003」（中規模以上の企業ネットワーク）「Datacenter Edition 2003」（データセンターなど）、「Small Business Server 2008」（中小企業向けのオールインワンパッケージ）などを選ぶこともできます。Windows系はWindows OSを採用しているクライアントを管理しやすいため、企業ネットワーク内でのサーバー用OSとしてよく使われています。

　UNIX系のOSは、インターネット関連サーバーのOSとして支持されています。「**FreeBSD**」「**OpenBSD**」「**Linux**」「**Solaris**」など、無料で使用できるものがよく使われています。そのほか、企業が販売しているUNIX系OSとして「**AIX**」（IBM）、「**HP-UX**」（ヒューレット・パッカード）、「**Mac OS X Server**」（アップル）などがあります。無料UNIX系OSとサーバー用などさまざまなアプリケーションソフトウェアをセットにした**「ディストリビューション」**と呼ばれる有料パッケージとして販売しているケースもあります。

　サーバー用のOSを用意したら、サーバーが提供するサービスに応じて、サーバーソフトを導入します。

　ウェブサービスを提供したいなら**ウェブサーバーソフト**、メールサービスを提供したいなら**メールサーバーソフト**が必要です。また、ファイル共有やプリンタ共有など、よく使われるサービスは、サーバー用OSに標準装備されているのが一般的です。

chapter 1　サーバーは何をしているのか

主なサーバー用OSとアプリケーション

サーバー用OS

●Windows系(Windows Server 2008など)

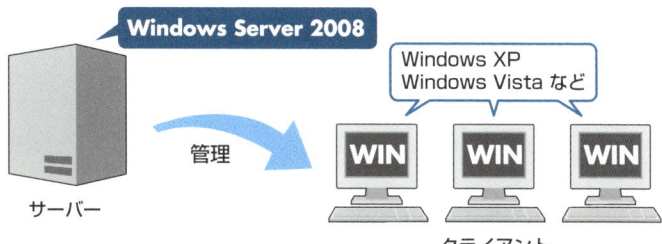

Windows OSのクライアントを管理しやすい

●UNIX系

無料で使えるUNIX系OS
「FreeBSD」「OpenBSD」「Linux」「Solaris」など

企業で販売しているUNIX系OS
「AIX」「HP-UX」
「Mac OS X Server」など

ディストリビューションパッケージ
Fedra、Slackwareなど
Linux系が多い。

インターネット関連のサーバーとして使われている

サービスを提供するサーバーソフトを導入

標準装備されているのが一般的

chapter 1　ネットワーク管理者の役割

9 サーバーを管理する

構築だけでなく管理が大きなウェイトを占める

　企業ネットワークにおけるネットワーク管理者の役割は、次のようなものがあります。

- **ネットワークの構築**
  どのようなネットワークにするかを考えるところ（設計）から始まり、必要なハードウェアやソフトウェアの準備、ケーブルの敷設、サーバーの設定、クライアントの設定などを行います。
- **サービスの導入**
  提供したいサービスに応じてソフトウェアを用意して設定します。
- **ネットワークの管理**
  ディレクトリサービスでクライアントを管理するほか、ネットワークが正常に機能するように使用状況を監視・記録し、不具合があれば対処します。
- **ソフトウェアの管理**
  サーバー用のOSやサービスを提供するソフトウェアを管理します。バージョンアップを行ったり、修正プログラム（パッチ）を適用します。クライアントのソフトウェアも管理します。
- **バックアップ**
  サーバーのすべてのデータを定期的にバックアップします。不具合が発生した場合は、バックアップしておいたデータに戻します（リストア）。

　ネットワークの構築やサービスの導入に意識が向きがちですが、実際の現場ではネットワークの管理が大きなウェイトを占めます。また、ネットワークの構築やサービスの導入は専門の業者に依頼し、その後の管理・運用は自社のネットワーク管理者が担当するケースも見られます。

chapter 1　サーバーは何をしているのか

ネットワーク管理者の主な仕事

ネットワークの構築

クライアント　プリンタ

サーバー　クライアント　ルーター

ケーブルを敷設して各ネットワーク機器をサーバーに接続する

サービスの導入

ウェブ
FTP
プリンタ共有
…

サーバー　←　サーバーソフト

導入する各サービスに応じたソフトウェアを用意して設定する

ネットワークの管理

仕事の中でここが大きなウェイトを占める

ネットワーク管理者

クライアントの管理

ネットワーク

サーバー

トラブルに対処

バックアップ

chapter 1 サーバーを取り巻く危険

10 サーバーを構築するなら セキュリティ対策は必須

ネットワークの外からの攻撃、内からの情報漏洩に備える

　サーバーを構築・管理する立場になったら、セキュリティ対策は非常に重要になります。

　ネットワークの危険性としては、まず外部からの攻撃が挙げられます。ハッカーに**不正侵入**されサーバーに保存されているデータを盗まれたり書き換えられる危険性、ウェブページやメールのデータと一緒に**ウイルスや不正プログラム**が侵入しネットワークに被害を与える危険性などが考えられます。対策方法としては、**不必要なサービスを停止してサーバーやネットワーク機器の設定を正しく行うこと**です。また、設計段階でセキュリティを意識し、堅牢なネットワーク、堅牢なサーバーを構築するとともに、サーバー用のウィルス対策ソフトウェアやセキュリティ向上のためのサービスを導入することも大切です。そして、日々の管理をまめに行うことです。サーバーのOS、サービスを提供するソフトウェア、ネットワーク機器に組み込まれているソフトウェアのアップデートは必ず行います。

　ネットワーク経由ではなく、USBメモリなどの記録媒体を通じてクライアントにウィルスや不正プログラムが持ち込まれることもあります。ウイルス対策ソフトウェアは、クライアントにも導入した方がよいでしょう。

　また、外部からの攻撃を防ぐだけではネットワークは守れません。ネットワーク内部のユーザーが機密データをこっそり盗み見たり、勝手に持ち出す**情報漏洩**の危険性もあります。

　その場合、サーバー側でクライアントの管理をきちんと行うこと、サーバーやネットワークの使用状況を記録しておくことなどの対策が非常に重要になります。実際、退職した社員のIDを残しておいたため、データを持ち出されてしまった、などということもよくあるのです。

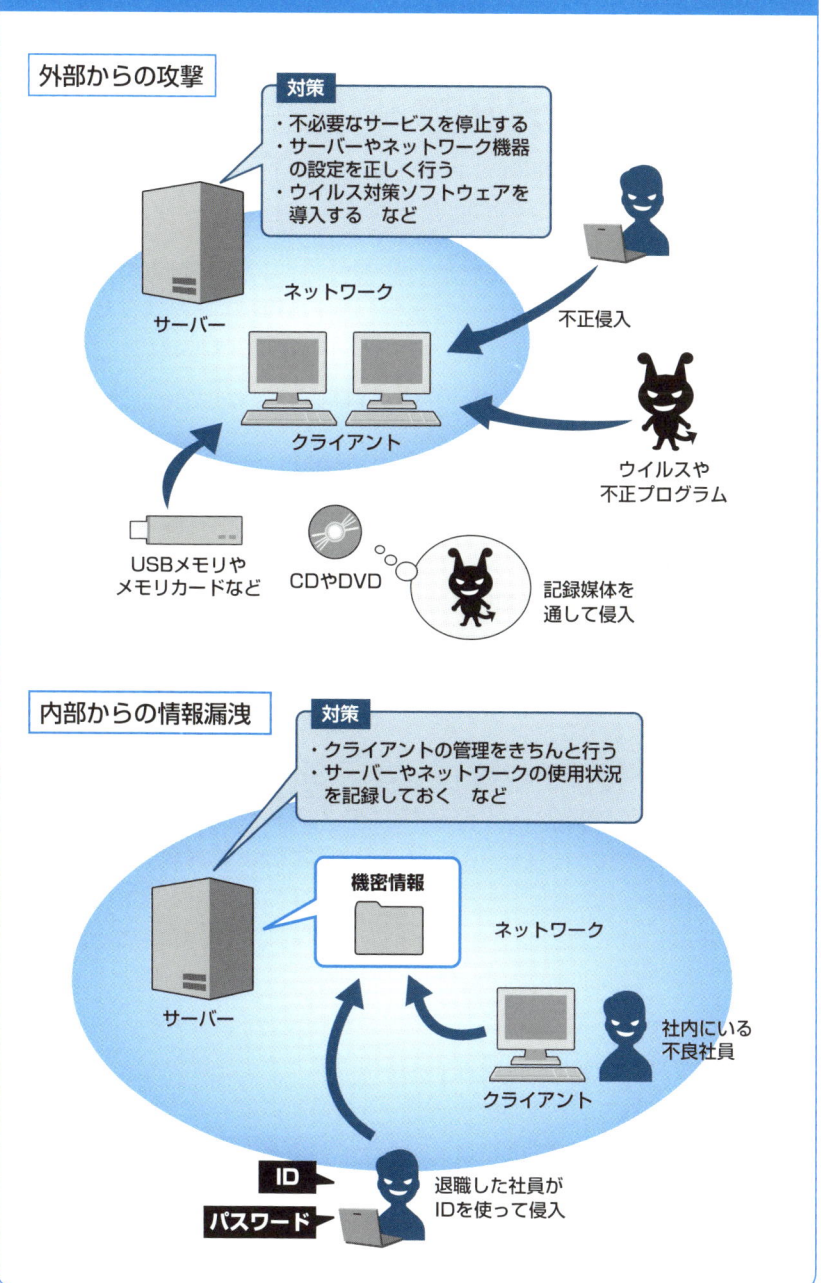

chapter 1 サーバーの構築・管理を体験する
11 サーバー用OSの選び方とネットワークへの接続

無償のサーバー用OSを入手して試してみよう

　ネットワークの構築やサーバーの管理を学ぶために、実際にサーバーを構築してみたいと考えている人も多いでしょう。自宅に複数のコンピュータがあるなら、1台をサーバーに、その他をクライアントにしてネットワークを構築することができます。

　サーバー用のOSは、Windows Server 2008またはUNIX系のOSを用意します。Windows Server 2008は、マイクロソフト社のサイトで無償の評価版（最大240日まで試用可）を配布しています。UNIX系OSにするなら、無償で配布されているディストリビューションを入手するとよいでしょう。インターネットで入手するか、UNIX系雑誌の付録として配布されているものを利用します。

　ただし、一般的な「パソコン」だとサーバー用OSが動作しない可能性もあります。事前に配布先に書かれているシステム要件を見て確認した方がよいでしょう。また、**Windows Vista Home Basic、Home Premium、Windows XP Homeは「Active Directory」に対応していません。**「Active Directory」を導入するのであれば、クライアント用のOSはWindows VistaならBusinessかUltimate、Windows XPならProfessionalにする必要があります。

　家庭で使われているブロードバンドルーターには、DHCPサーバーの機能をはじめ、インターネットに接続する際に必要となる機能が一通り揃っています。企業ネットワークで使用されている機器とは違いますので設定方法がそのまま役に立つわけではありませんが、どのように設定すれば正しく動作するのかという基本は同じです。ブロードバンドルーターの詳細な設定画面を見てみましょう。設定を変えて動作するか試してみたり、わからない用語や機能を調べるだけでもよい勉強になります。

chapter 1　サーバーは何をしているのか

サーバー用OSとルーター

サーバー用OS

サーバー用OSを導入してサーバーに　　クライアント

パソコンを使用する場合は、事前にサーバーOSのシステム要件を確認する

ネットワーク

2台目のパソコンなど

Windows系サーバーOSなら

→ マイクロソフト社が無償で配布している
Windows Server 2008評価版（最大240日まで試用可）

UNIX系サーバーOSなら

→ 無償で配布しているディストリビューション
（雑誌の付録やインターネットで配布されている）

CDやDVD

ブロードバンドルーター

インターネットに接続する際に必要となる機能が揃っている

設定画面を見ながら、どのように設定すれば正しく動作するのかを確認する

DHCP設定

DMZ

Skill Up!

● 設定を変えてみる
● 用語を調べる

COLUMN

XAMPPでサーバー体験をしよう

本章ではサーバーの役割や機能などについて解説しましたが、一番いいのは実際に使ってみることでしょう。管理してみなければ理解できない部分もあるからです。しかし、ソフトウェアのインストールなど、意外と大変そうに見えます。そんなときに重宝するのが、「XAMPP（ザンプ）」というソフトウェアのセットです。

XAMPPには、ウェブサーバーの「Apache」、データベースサーバーの「MySQL」、ウェブプログラミング言語の「PHP」や「Perl」、管理ツールの「phpMyAdmin」など、サーバー用のフリーウェアがセットになっています。OSは、Windowsはもちろん、LinuxやMac OS X、Solarisに対応しています。

以前はサーバー環境を整えようと思ったら、これらのソフトを個別にインストールして設定する必要がありました。ところが実際にやってみると手間のかかる作業で、知識も必要です。特に、自宅で勉強のために初めてサーバーを構築しようと思ったり、試験的にサーバー環境を構築するときには高いハードルとなっていました。

しかしXAMPPであれば、これらをまとめてインストールすることができるので、サーバーがどのように動いているのかを自分のマシンで試すにはぴったりです。ただし、すべてのソフトが最新版で揃っているわけではありませんので、本格的にサーバーを運用する際には、相性なども検討しながら、使用するソフトを定期的に見直すようにしてください。

XAMPPは、「apache friends」のサイトからダウンロードできます。
http://www.apachefriends.org/jp/xampp.html

2 chapter

ネットワークの基礎を知っておこう

ここでサーバーを接続するネットワークとその仕組みについて知っておくことにしましょう。本章では、プロトコルやIPアドレス、ポート番号、MACアドレスなどについて解説します。

chapter 2 ネットワーク接続の仕組み（1）

1 ネットワークにつながっているとはどういうことか

データをどのようにやりとりするかを決めておく必要がある

　新しいクライアントのコンピュータを企業ネットワークにつなぐときのことを考えてみましょう。

　単にケーブルでコンピュータと機器を接続しても、ネットワークで提供されているサービスを利用できなければ「つながった」とは言えません。サービスを利用できるということは、サーバーやネットワーク機器とクライアントが、問題なくデータをやりとりしている、ということになります。ウェブサービスなら、ウェブページのデータをやりとりしています。メールサービスはメールのデータ、ファイル共有サービスは共有するファイルのデータをやりとりしています。

　つまり、ネットワークにつながっているということは、ほかのコンピュータや機器と**データをやりとりできる**、ということなのです。

　ネットワークでデータをやりとりするためには、ネットワークの中のどのコンピュータや機器とデータをやりとりするのか、データをやりとりする手順、データの内容など、さまざまなことを決めておく必要があります。その決まり事を**プロトコル**と呼びます。同じプロトコルに対応していれば、異なるOS、異なるメーカーのコンピュータや機器でも問題なくデータをやりとりすることができます。

　現在、ほとんどのネットワークで使われているのが**TCP/IP**というプロトコルです。インターネットもTCP/IPを採用しています。TCP/IPは1つのプロトコルではなく、データのやりとりに必要なさまざまなプロトコルの総称であり、**TCP/IPプロトコル群**とも呼びます。ネットワーク関連の話題でよく登場する「IPアドレス」の仕組みは、TCP/IPで決められています。同様に、多くのネットワーク関連の用語や仕組みはTCP/IPが元になっています。

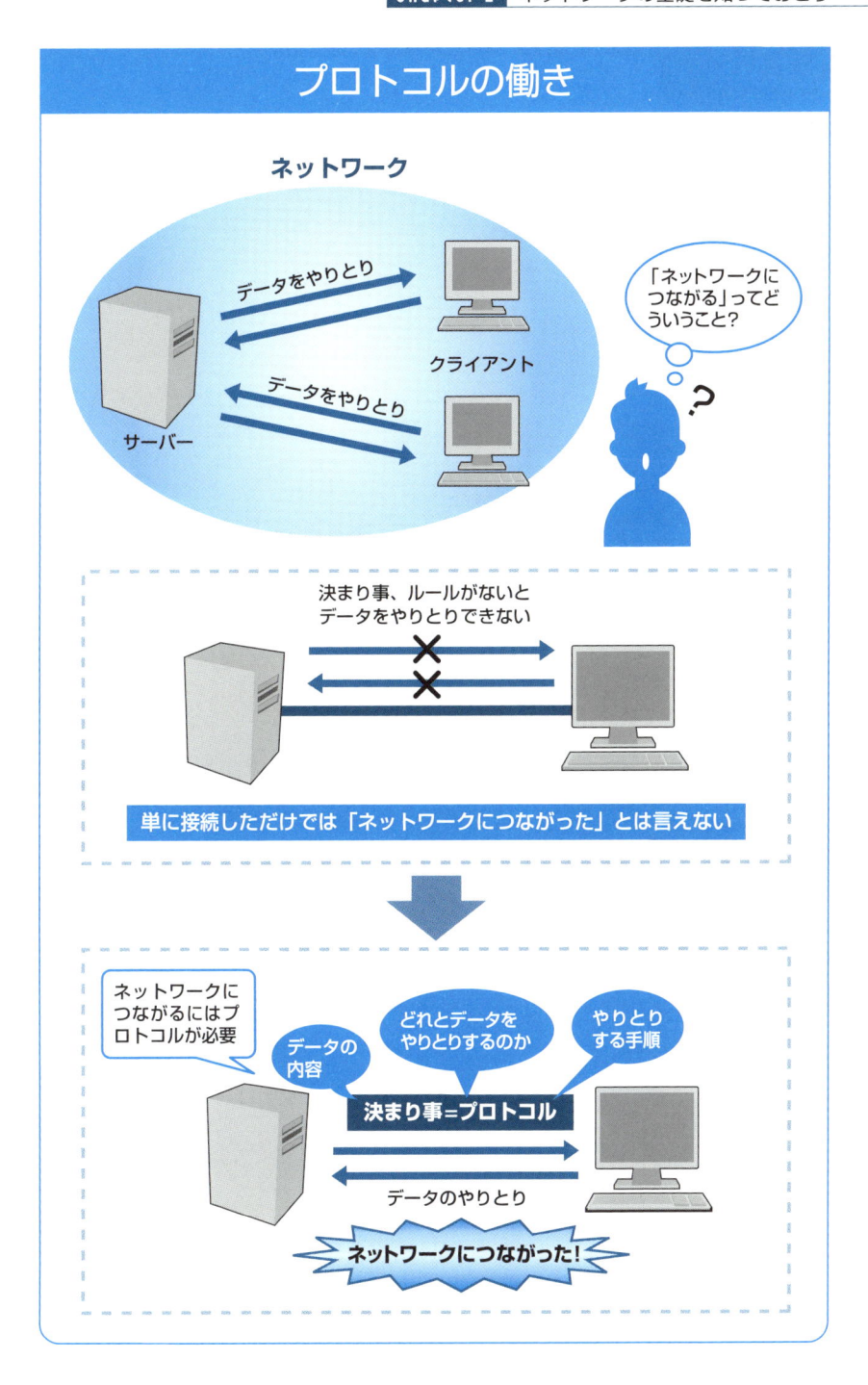

CHAPTER 2　ネットワークの基礎を知っておこう

プロトコルの働き

ネットワーク

データをやりとり
サーバー ⇔ クライアント
データをやりとり

「ネットワークにつながる」ってどういうこと？

決まり事、ルールがないとデータをやりとりできない

✕
✕

単に接続しただけでは「ネットワークにつながった」とは言えない

↓

ネットワークにつながるにはプロトコルが必要

データの内容　／　どれとデータをやりとりするのか　／　やりとりする手順

決まり事＝プロトコル

データのやりとり

ネットワークにつながった！

37

chapter 2 ネットワーク接続の仕組み（2）

2 データはパケットでやりとりされる

データを分割すれば効率よくデータをやりとりできる

　ネットワークでデータをやりとりするときは、データを細かく分割してやりとりします。分割したデータのかたまりを、総称して**パケット**と呼びます。送信側は送るデータをパケットに分割して送り出します。受信側は受け取ったパケットを元通りに組み立ててデータに戻します。

　もし、1つのデータを大きなひとかたまりのデータのままやりとりした場合、そのデータをやりとりし終えるまで、送信側と受信側のネットワークの道筋がふさがってしまいます。ほかのコンピュータや機器は、そのデータのやりとりが終わるまで待たなければなりません。

　パケットは小さなデータのかたまりなのでネットワークの道筋をそれだけでふさいでしまうことはなく、複数のデータのやりとりを同時に行えます。また、途中でデータが破損した場合、データ全体を1つの単位として扱うと、もう一度全部のデータを送り直さなければなりません。パケットに分割すれば、破損した箇所のパケットのみを送り直せばよいので、効率的にデータをやりとりすることができます。

　データには、データをパケットに分割する際、またデータをやりとりする際に、必要な情報がプロトコルによって付け加えられます。データの先頭に付ける情報を**ヘッダ**、末尾に付ける情報を**トレーラ**と呼びます。1つのパケットは、データ本体とヘッダ、トレーラがセットになっています。

　なお、パケットという呼び方は総称であり、「**データグラム**」「**セグメント**」「**フレーム**」などと区別することもあります。これらのデータ単位を**PDU**（プロトコル・データ・ユニット）と言います。ただ、PDUは厳密に定義されているわけではなく、同じものに対して2通りの呼び方があるケースも見られます。また、すべて「パケット」と言っても間違いではありません。

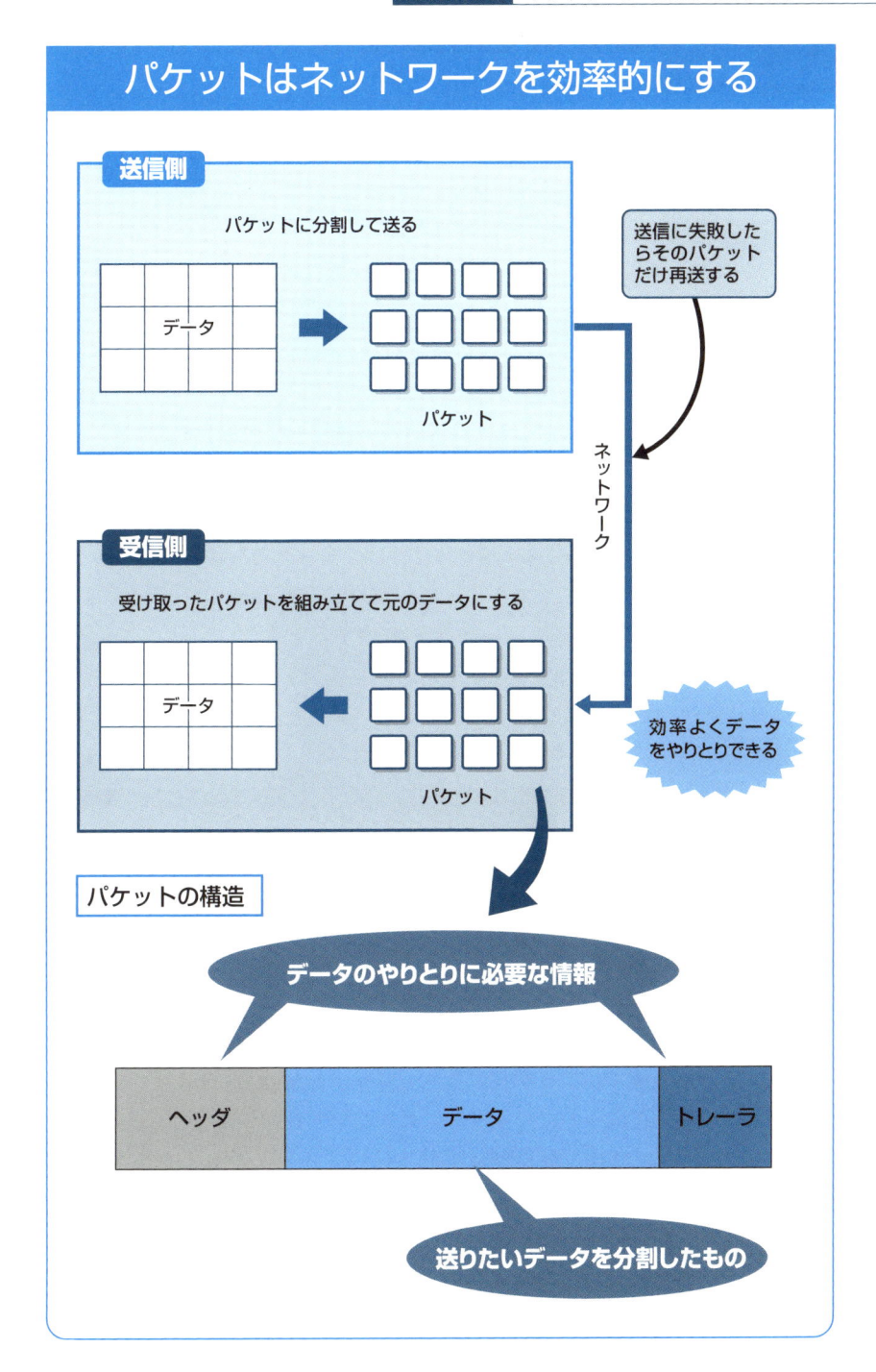

chapter 2　ネットワークの基礎を知っておこう

パケットはネットワークを効率的にする

送信側

パケットに分割して送る

データ → パケット

送信に失敗したらそのパケットだけ再送する

ネットワーク

受信側

受け取ったパケットを組み立てて元のデータにする

パケット → データ

効率よくデータをやりとりできる

パケットの構造

データのやりとりに必要な情報

| ヘッダ | データ | トレーラ |

送りたいデータを分割したもの

39

chapter 2 OSI参照モデルの基礎知識

3 プロトコルを階層で考えるOSI参照モデル

プロトコルを7つの階層に分けて定義した「概念」のこと

　データをやりとりするには、ケーブルの形状からデータの内容、データのやりとりの手順など、さまざまなプロトコルが必要となります。そこで、ISO（国際標準化機構）が「これだけの決まり事をプロトコルとして定めておけばデータを問題なくやりとりできる」という概念（モデル）を作りました。それが**OSI参照モデル**です。OSI参照モデルでは、データのやりとりのどの部分を担当しているかによって、プロトコルを**7つの階層構造**で定義しています。サーバーや機器の設定時や、トラブルを解決するときに、現在どの階層を扱っているのか、どの階層に問題があるのかを意識すると、より理解が深まります。ここでは、OSI参照モデルの下位層から上位層に向かって説明していきましょう。

　まず、通信の一番基本となる物理的、電気的な決まり事は第1層の**物理層**の担当になります。電気信号の条件、ピンの数や形状、ケーブルの端子の形状などがそうです。次に、直接接続されたコンピュータや機器の間のやりとりに関する決まり事は第2層の**データリンク層**に属します。エラーの検出もここで行います。第3層の**ネットワーク層**では、直接接続されていないコンピュータや機器とデータをやりとり（ネットワークでのやりとり）するための道筋（経路）を決めています。機器のアドレスの管理も行います。第4層の**トランスポート層**には、受信側に確実にデータを届けるための決まり事が属します。エラー制御などを行っています。ここまでが下位層です。

　上位層の最初の第5層、**セッション層**では、データのやりとりを開始し、終了するまでの手順を管理しています。次の第6層の**プレゼンテーション層**では、データを通信に適した形式に変換したり、逆にアプリケーションが処理する形式にしています。最上位の第7層は**アプリケーション層**です。ここでは、アプリケーションがどのようにデータを処理するかを決めています。

chapter 2　ネットワークの基礎を知っておこう

7層から成るOSI参照モデル

プロトコルとは

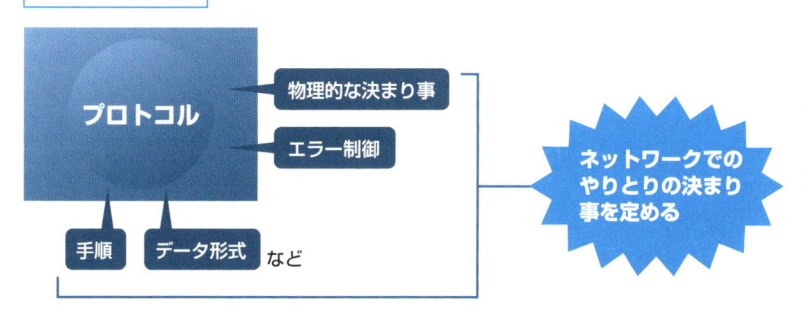

プロトコル
- 物理的な決まり事
- エラー制御
- 手順
- データ形式　など

ネットワークでのやりとりの決まり事を定める

機器の設定やトラブルのときは「層」を意識する

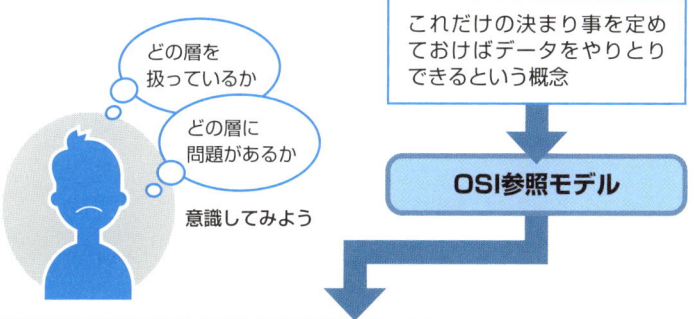

- どの層を扱っているか
- どの層に問題があるか

意識してみよう

これだけの決まり事を定めておけばデータをやりとりできるという概念

→ **OSI参照モデル**

上位層	第7層	アプリケーション層	アプリケーション（ソフト）がどのようにデータを処理するかの決まり事
	第6層	プレゼンテーション層	データを通信に適した形式に変換したり、逆にアプリケーションが処理する形式にする
	第5層	セッション層	データのやりとりを開始し、終了するまでの手順を管理
下位層	第4層	トランスポート層	受信側に確実にデータを届けるための決まり事。エラー制御
	第3層	ネットワーク層	データをやりとりする道筋（経路）を決める
	第2層	データリンク層	直接接続されたコンピュータや機器の間のやりとりに関する決まり事
	第1層	物理層	ケーブルの端子の形状、電気信号の条件など物理的、電気的な決まり事

chapter 2 TCP/IPプロトコルの基礎知識（1）
4 TCP/IPプロトコルは4つの階層構造をとる

階層構造をとることで追加・変更が容易に

　TCP/IPプロトコルでは、各プロトコルを4つの階層[注]に分けています。階層は上から**アプリケーション層、トランスポート層、インターネット層、ネットワークインターフェイス層**と呼びます。そして、ある階層から見て上の層を**上位**、下の層を**下位**と呼びます。

　データをやりとりするときは、各階層のプロトコルが順番に処理を行っていきます。OSI参照モデルができる前にTCP/IPプロトコルが誕生しているため、TCP/IPプロトコルのそれぞれの階層をOSI参照モデルの階層にぴったり当てはめることはできません。しかし、プロトコルを階層に分けるという考え方は同じです。

　では、プロトコルを階層構造に分けるメリットはなんなのでしょう。

　データのやりとりに関わる決まり事を1つのプロトコルとしてまとめてしまうと、一部を変更したいときでも、プロトコル全体を変更することになってしまいます。階層構造に分ければ、変更したい部分のプロトコルだけを変更すれば済みます。また、階層構造にすることで、ある層のプロトコルを変更してもほかの層のプロトコルには影響しないというメリットが生まれます。つまり、**提供したいサービスやネットワーク構成に応じて、各階層のプロトコルを選択して使える**のです。例えば、ウェブサービスとメールサービスではアプリケーション層のプロトコルが異なりますが、トランスポート層から下位の層は同じプロトコルを使います。ウェブサービスだけを提供しているネットワークで、後からメールサービスも提供したいという場合、階層構造になっていればアプリケーション層の、メールサービス用のプロトコルを追加するだけで、ほかの階層は元々あるプロトコルを使うことができます。

　　　　注：ネットワークインターフェイス層をデータリンク層と物理層に分け、5階
　　　　　層とするケースもありますが、本書では4階層として解説します。

chapter 2　ネットワークの基礎を知っておこう

4層から成るTCP／IPプロトコル

階層構造のメリット

送信側
- アプリケーション層
- トランスポート層
- インターネット層
- ネットワークインターフェイス層

順番に処理していく

受信側
- アプリケーション層
- トランスポート層
- インターネット層
- ネットワークインターフェイス層

順番に処理していく

層単位で変更できる

アプリケーション層
↓追加

- アプリケーション層　アプリケーション層
- トランスポート層
- インターネット層
- ネットワークインターフェイス層

ほかの階層はそのまま使える

もしプロトコルを1つにまとめてしまうと…

プロトコル

- 一部を変更したい
- 機能を追加したい

プロトコル全体を入れ替えなければならない

43

chapter 2　TCP/IPプロトコルの基礎知識（2）

5　TCP/IPプロトコルを使ったデータのやりとりの流れ

各階層のプロトコルがデータをカプセル化する

　TCP/IPプロトコルでのデータのやりとりの流れを見ていきましょう。

　まず送信側のコンピュータの**アプリケーション層**のプロトコルがデータを処理し、**トランスポート層**のプロトコルに渡します。トランスポート層のプロトコルは、受け取ったデータを分割し、トランスポート層のプロトコルが処理するために必要な情報を**ヘッダ**として付け加え、パケットを作成します。そして**インターネット層**のプロトコルに渡します。インターネット層のプロトコルは、受け取ったデータ＋ヘッダ＝パケットをひとかたまりのデータとして扱い、インターネット層のプロトコルが処理するために必要なデータをヘッダとして付加しパケットを作成します。これらの処理を**カプセル化**と呼びます。そして、作成したパケットを次の**ネットワークインターフェイス層**のプロトコルに渡します。ネットワークインターフェイス層のプロトコルも受け取ったパケットをひとかたまりのデータとして扱い、必要な情報を**ヘッダ**と**トレーラ**として付加し、データを送り出します。

　受信側のコンピュータでは、ネットワークインターフェイス層のプロトコルがデータを受け取り、送信側のネットワークインターフェイス層のプロトコルが付加したヘッダとトレーラの情報を元に適切に処理します。そして、そのヘッダとトレーラを取ってインターネット層のプロトコルに渡します。インターネット層、そして次のトランスポート層でも同様に、送信側のインターネット層、トランスポート層のプロトコルが付加したヘッダの情報を元に適切に処理し、上位の層に渡します。そして、最終的にアプリケーション層のプロトコルがデータを処理します。

　このように、送信側のインターネット層で行われた処理は、受信側でも同様にインターネット層が処理します。ほかの階層も同様に、**送信側と受信側で同じ階層のプロトコルが処理を担当します**。

CHAPTER 2　ネットワークの基礎を知っておこう

TCP／IPプロトコルを使った送受信

送受信の流れ

送信側

アプリケーション層
データ

トランスポート層
パケットに分割
［ヘッダ｜データ］
情報を付加

インターネット層
情報を付加
［ヘッダ｜ヘッダ｜　　　］

ネットワークインターフェイス層
情報を付加
［ヘッダ｜ヘッダ｜ヘッダ｜データ｜トレーラ］

- トランスポート層が作ったパケット
- インターネット層が作ったパケット
- トランスポート層が作ったパケット

受信側 では逆の順番で処理が行われる

カプセル化とは

カプセル化　上位のプロトコルが作ったパケットをひとかたまりのデータとして扱う

［ヘッダ｜［ヘッダ｜データ］｜トレーラ］
　　　　　　　データ

chapter 2 TCP/IPプロトコルの基礎知識（3）
6 アプリケーション層とトランスポート層の役割

ユーザーに一番近いアプリケーション層

　アプリケーション層のプロトコルは、ネットワークを通じてやりとりしたデータを利用し、ユーザーにサービスを提供します。ウェブサービスを提供する**HTTPプロトコル**、メールサービスを提供する**SMTPプロトコル**、**POP3プロトコル**などが、このアプリケーション層に属します。また、受信側のアプリケーション層のプロトコルが適切にデータを処理できるように、必要な情報を付加したり、データを下位のトランスポート層のプロトコルが扱えるかたちのデータにして渡すという役割も持っています。

　トランスポート層のプロトコルは、**送信側から受信側までのデータのやりとりを制御する役割**を持っています。**TCP**、**UDP**がこのトランスポート層に属します。

　ほとんどのデータのやりとりに使われているのがTCPです。TCPは、パケットを確実に届けるために、送信側と受信側が「送りました」「受け取りました」と連絡を取りあい、もしパケットが届かなければ再送します。これを**コネクション型**と呼びます。**TCPはコネクション型のプロトコル**です。また、送信側でパケットに**シーケンス番号**と呼ばれる番号を付けます。もしデータを送る途中でパケットが届く順番が変わっても、受信側はシーケンス番号を見れば正しい順番がわかるようになっています。

　これに対し、**UDPはコネクション型のプロトコルではありません**。パケットは送りっぱなしで、正しく届いたかどうかの確認もしません。シーケンス番号も付けません。きちんとデータが届く保証はありませんが、確認に費やす手間がかからず、確認に必要な情報を付加しないので、その分だけデータのサイズが小さくなり、早くデータを送ることができます。UDPはデータ送受信の確実性よりもスピードが優先される動画配信サービスなどで使われています。

CHAPTER 2　ネットワークの基礎を知っておこう

アプリケーション層とトランスポート層

アプリケーション層

- メールサービス
- ウェブサービス

など

- ユーザーにサービスを提供
- アプリケーション層がデータを適切に処理するための情報を付加

トランスポート層

TCP

データを送りました

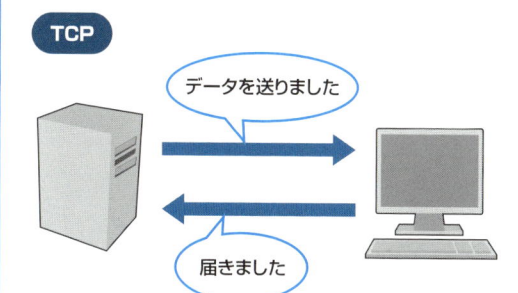

届きました

送信側と受信側が連絡を取りあい確実にデータをやりとりする

→ **コネクション型**

- 届かなければ再送
- パケットに順番（シーケンス番号）を付ける

UDP

送りっぱなしで確認しない

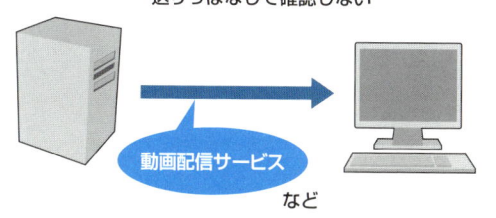

動画配信サービス

など

- 確実ではないが早くデータをやりとりできる

chapter 2　TCP/IPプロトコルの基礎知識（4）
7　インターネット層とネットワークインターフェイス層の役割

データをやりとりするルートを決めるインターネット層

　インターネット層は、送信側から受信側まで、どのような道筋（ルート）をたどってデータをやりとりするかを決める役割を持っています。**IPプロトコル**がこの層に属します[注]。

　ネットワークの中にある、たくさんのコンピュータや機器の中からデータをやりとりしたいコンピュータや機器を特定するために、IPプロトコルが使うのが**IPアドレス**です。それぞれのコンピュータや機器には異なるIPアドレスが付けられており、「このIPアドレスを持つ相手に送る」と指定することで、正しい相手とデータをやりとりすることができます。IPプロトコルが作成するパケットのヘッダには、最終的に受信するコンピュータや機器のIPアドレスが情報として含まれています。次にそのパケットを受け取ったコンピュータや機器のIPプロトコルはヘッダに書かれているIPアドレスを見て、自分宛てのデータなのか、違うならどこに送ればいいかを判断します。このように、データの道筋を決めることを**ルーティング**と言います。

　ネットワークインターフェイス層は、ケーブルや端子の形状、電気信号の形式など、**物理的な決まり事**を担当しています。また、データを直接やりとりする**隣同士のコンピュータや機器同士のデータのやりとり**もここで決めています。ネットワークで一般的に使われている**イーサネット**、**PPP**などがネットワークインターフェイス層に属します。

　ネットワークインターフェイス層でも、コンピュータや機器を特定するために識別番号を使います。イーサネットを採用しているネットワークでは**MACアドレス**を用います。

　　　注：インターネット層にはARP（58ページ参照）などのプロトコルもありますが、IPプロトコルを補助する意味合いが強いものとなっています。

インターネット層とネットワークインターフェイス層

インターネット層

●データが相手に届くまでのルートを決める＝ルーティング

別のIPアドレスを持つ機器を経由する

このIPアドレスに送ろう → 別のIPアドレス → 別のIPアドレス → 該当のIPアドレス → データを受け取る

実際はこんな感じ

●ルーティングの実際

Ⓐ　Ⓕに送りたいからまずⒷへ
Ⓑ　Ⓕに届けるにはⒹへ送る
Ⓒ
Ⓓ　Ⓕに送る
Ⓔ
Ⓕ

データの道筋（ルート）を選択する

ネットワークインターフェイス層

ケーブルや端子の形状

電気的な決まり事

隣同士のデータのやりとり

chapter 2　IPアドレスの役割

8 IPアドレスでコンピュータや機器を特定する

ネットワークの中の住所のようなもの

　IPプロトコルがコンピュータや機器を特定するために使うのが、**IPアドレス**です。現在インターネットや多くのネットワークで使われている**IPv4**（IPプロトコルバージョン4）では、IPアドレスは**ネットワークアドレス**と**ホストアドレス**に分かれています。ネットワークアドレスは、ネットワークを識別するアドレスです。ホストアドレスは、個々のコンピュータや機器を識別するアドレスです。

　IPアドレスは全体で32ビット、8桁の2進数を4つ組み合わせたものですが、これを10進数にして「172.31.255.254」のように表します（2進数→10進数の変換は184ページ参照）。用途や使用するネットワークの規模に応じて、クラスA〜Eに分けられています。データのやりとりに使われているのはクラスA、B、Cの3種類です。全体の32ビットのうち、ネットワークアドレスを表す部分はクラスAが先頭から8ビット分、クラスBは16ビット分、クラスCは24ビット分となっています。ネットワークアドレスを表す部分が少ないと、表せるネットワークの数は少なくなりますが、その分ホストアドレスを表す部分が大きいので、1つのネットワークに多くのコンピュータや機器を接続することができます。クラスAは大規模ネットワーク、クラスBは中規模ネットワーク、クラスCは小規模ネットワークのためのIPアドレスです。

　クラスDとEは特別なIPアドレスです。クラスDは**マルチキャストアドレス**、クラスEは実験用のアドレスです。また、ホストアドレス部分が2進数ですべて1のアドレスは、**ブロードキャストアドレス**という特殊なIPアドレスです。ブロードキャストとは、ネットワークに属する全てのコンピュータや機器に対して一斉にデータを送ることです。マルチキャストは、ネットワークの中の、特定のグループのコンピュータや機器に対して一斉にデータを送ることです。

IPアドレスの構造

IPアドレス

例）クラスBのIPアドレス「172. 31. 255. 254」

```
   172        31        255       254    → 10進数
10101100  00011111  11111111  11111110  → 2進数
                                          （32ビット）
```

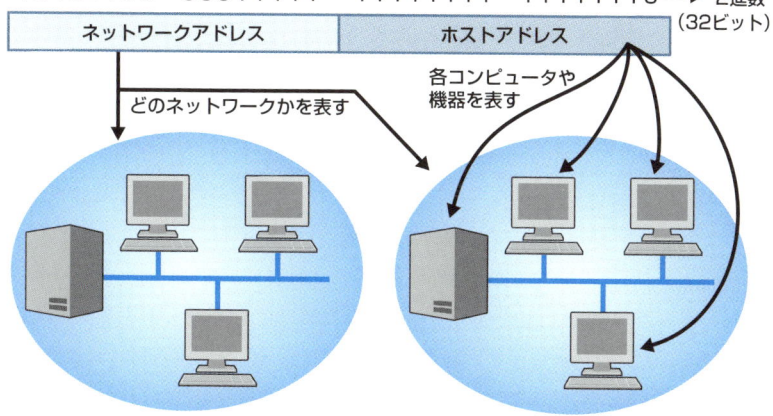

ネットワークアドレス ｜ ホストアドレス

どのネットワークかを表す

各コンピュータや機器を表す

クラスA ＝大規模ネットワーク

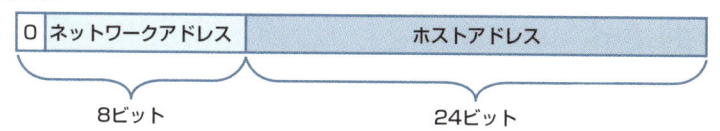

| 0 | ネットワークアドレス | ホストアドレス |

8ビット ／ 24ビット

クラスB ＝中規模ネットワーク

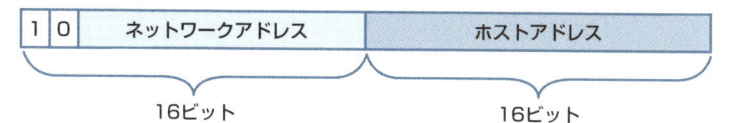

| 1 | 0 | ネットワークアドレス | ホストアドレス |

16ビット ／ 16ビット

クラスC ＝小規模ネットワーク

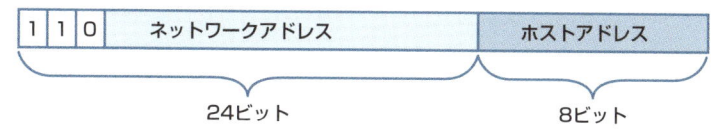

| 1 | 1 | 0 | ネットワークアドレス | ホストアドレス |

24ビット ／ 8ビット

● クラスDはマルチキャストアドレス、クラスEは実験用アドレス

chapter 2 — 9 2種類あるIPアドレス
グローバルIPとプライベートIP

> インターネットとネットワーク内でアドレスを使い分ける

　1つのネットワークの中だけで通用するIPアドレスを**プライベートIP**（アドレス）、インターネットで使われるIPアドレスを**グローバルIP**（アドレス）と呼びます。

　プライベートIPは、ネットワークの管理者が自由に付けてよいアドレスです。プライベートIP用に定められた範囲を使う、重複したアドレスを付けないといったルールを守れば、自由に使うことができます。**「10.0.0.0～10.255.255.255」（クラスA）**、**「172.16.0.0～172.31.255.255」（クラスB）**、**「192.168.0.0～192.168.255.255」（クラスC）** が指定されています。

　これに対して、グローバルIPはインターネットで使用されているアドレスで、インターネットの中で重複したアドレスを使わないよう**ICANN**という組織が管理しています。実際の管理業務はICANNから委託された各国の団体が行っており、日本では**JPNIC**（社団法人日本ネットワークインフォメーションセンター）が管理業務を行っています。インターネットを利用したい場合は、JPNICに申請してグローバルIPを取得します。一般的にはプロバイダが申請業務を行い、プロバイダが取得したグローバルIPを借りるかたちで利用します。

　企業ネットワークでは、ネットワークの中のコンピュータや機器にはプライベートIPを付けるのが一般的です。そして、直接インターネットに接続し、データをやりとりする役目を持つコンピュータや機器（ゲートウェイ。60ページ参照）にだけグローバルIPを付けます。家庭でのインターネット接続の場合も同様で、ブロードバンドルーターを利用しているならブロードバンドルーターにグローバルIP、個々のパソコンや機器にはプライベートIPを付けます。パソコンを直接インターネットに接続しているのであれば、そのパソコンにグローバルIPが付けられます。

chapter 2　ネットワークの基礎を知っておこう

プライベートIPとグローバルIPの役割

プライベートIP

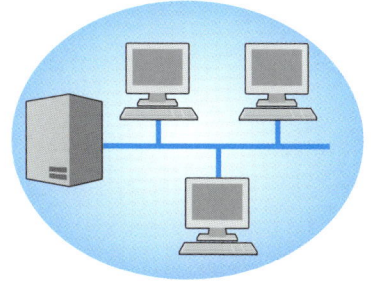

規模によって3つのクラスがある

クラスA	10.0.0.0～10.255.255.255
クラスB	172.16.0.0～172.31.255.255
クラスC	192.168.0.0～192.168.255.255

ネットワークの中だけで通用する

グローバルIP

世界に1つしかない

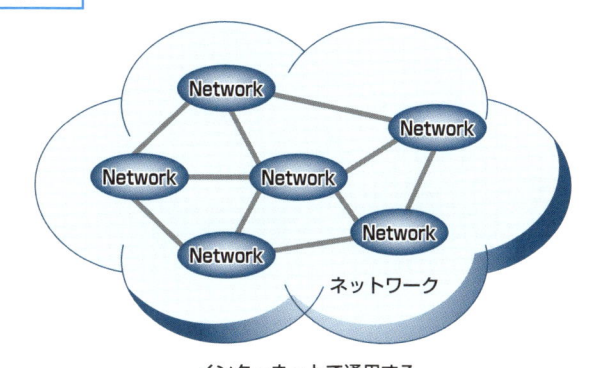

ネットワーク

インターネットで通用する

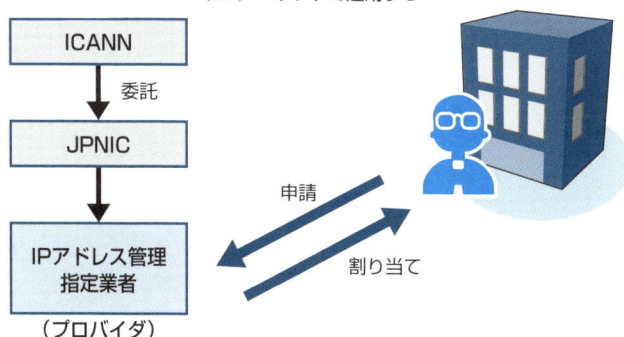

ICANN
↓ 委託
JPNIC
↓
IPアドレス管理
指定業者
（プロバイダ）

申請
割り当て

chapter 2　IPアドレスの有効利用

10 サブネッティングとCIDR

無駄なIPアドレスを生んでしまうクラスの概念

　IPアドレスを**ネットワークアドレス**と**ホストアドレス**に分ける考え方を、**クラスフル**と呼びます。クラスフルの場合、1つのネットワークで使えるホストアドレスの数が決まっています。例えば300台のコンピュータや機器をつないだネットワークを作りたいとします。クラスCではホストアドレスが足りないのでクラスBを使うことになりますが、クラスBはホストアドレスが約6万5千もあります。このケースでは300だけ使ってあとは使わないことになり、膨大な無駄が発生します。

　そこで生まれたのが、**サブネッティング**という方法です。IPアドレスの32ビットのうち、先頭からどこまでがネットワークアドレスかを表す**サブネットマスク**とIPアドレスを併用することで、ネットワークアドレスとホストアドレスの数を調整します。クラスCのIPアドレスは先頭から24ビットがネットワークアドレスですが、サブネットマスクで「先頭から28ビットまでネットワークアドレス」とすることで、表せるネットワークアドレスの数が4ビット分増え、ホストアドレスの数が減ります。増えた分で表せるようになったネットワークを**サブネットワーク**と呼びます。

　クラスフルのIPアドレスにサブネッティングを使うことで、ネットワークの構成に応じて柔軟にIPアドレスを作ることができるようになります。そこで、さらにクラスの概念をなくす**CIDR**（サイダー）という考え方が登場しました。クラスフルに対して、クラスの概念がないという意味で**クラスレス**と呼びます。クラスレスのIPアドレスは、全体が32ビットのうち、先頭からどこまでがネットワークアドレスなのかをIPアドレスの後ろに「/」（スラッシュ）を付け、「172.16.10.125/24」のように表記します。この表記方法を**CIDR表記**と呼び、サブネットマスクを表記するときにも使います。

　JPNICは、CIDRを採用したグローバルIPを割り当てています。

IPアドレスを効率的に使うための工夫

クラスフル＋サブネット

```
   192    ·    168    ·     1     ·     1     /24
11000000   10101000   00000001   00000001
```
[ネットワークアドレス | ホストアドレス]

＋

```
   255    ·    255    ·    255    ·    240     (28ビット)
11111111   11111111   11111111   1111 0000
```
[サブネット]

ここまでをネットワークアドレスと指定 ／ ホストアドレス

⬇

```
   192    ·    168    ·     1     ·     1     /28
11000000   10101000   00000001   0000 0001
```
[本来のネットワークアドレス ｜ サブネットで増えた分 ｜ ホストアドレス]

ネットワークアドレスが増える

クラスレス（CIDR）

[ネットワークアドレス | ホストアドレス]
↑ 自由に設定できる

CIDR表記

[ネットワークアドレス | ホストアドレス]
先頭から何ビットまでがネットワークアドレスか

172.16.10.125／24
　IPアドレス　　↑ 24ビットまで

chapter 2 アプリケーションとネットワーク

11 ポート番号とは

1台のコンピュータで同時に複数のサービスを利用できる

　トランスポート層のTCPプロトコルとUDPプロトコルが付けるヘッダには、**ポート番号**という情報が含まれています。ポート番号は、アプリケーションを識別するために使われます。ポートは、アプリケーション層とトランスポート層を結ぶデータの出入口の役割を果たしています。送信側のコンピュータのポートと受信側のコンピュータのポートがつながって、データの通り道を作ります。ポートは複数作ることができるので、同時に複数のアプリケーションがデータをやりとりできます。この際、複数あるポートのうちどのポートとデータをやりとりするのかを区別する必要があります。そこで、ポートを識別する番号、ポート番号が付けられるのです。

　ポート番号は0～65535番までであり、0～1023番の**ウェルノウンポート番号**、1024～49151番の**予約済みポート番号**、49152～65535番の**動的・プライベートポート番号**の3種類に分けられています。

　ウェルノウンポート番号は特定の用途に使用するためのポート番号で、IANAという団体が管理しています。ネットワークサービスを提供するサーバーソフトが使用する番号で、例えばウェブサービスを提供するウェブサーバーソフトはポート番号80番を使うと決められています。クライアントは利用したいウェブサーバーの、ウェブサーバーソフトのポート番号が何番かを調べなくても、80番を指定すればウェブサーバーソフトとデータをやりとりできます。

　予約済みポート番号はサービスやアプリケーションごとに割り当てられたポート番号で、IANAが登録を受け付け管理しています。動的・プライベートポート番号はユーザーポートとも呼ばれ、自由に使えるポート番号となっています。クライアントは動的・プライベートポート番号の中からひとつ選んで使用します。データをやりとりする際は、クライアントから「今使っているのはこのポート番号です」と相手のサーバーに通知しています。

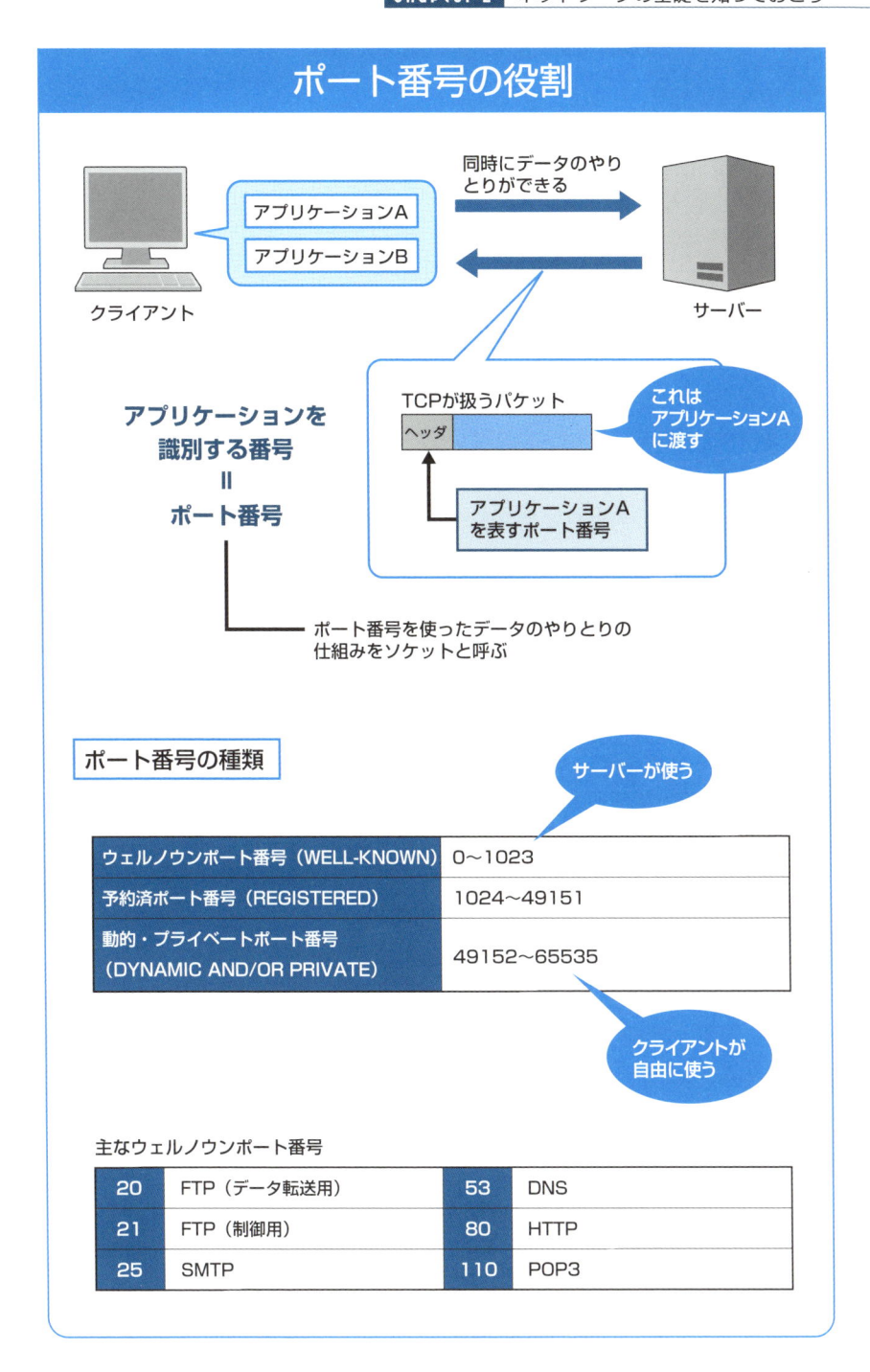

chapter 2 ネットワークの基礎を知っておこう

ポート番号の役割

同時にデータのやりとりができる

クライアント — アプリケーションA / アプリケーションB — サーバー

アプリケーションを識別する番号 = ポート番号

TCPが扱うパケット
ヘッダ
アプリケーションAを表すポート番号
これはアプリケーションAに渡す

ポート番号を使ったデータのやりとりの仕組みをソケットと呼ぶ

ポート番号の種類

ウェルノウンポート番号（WELL-KNOWN）	0～1023
予約済ポート番号（REGISTERED）	1024～49151
動的・プライベートポート番号（DYNAMIC AND/OR PRIVATE）	49152～65535

サーバーが使う

クライアントが自由に使う

主なウェルノウンポート番号

20	FTP（データ転送用）	53	DNS
21	FTP（制御用）	80	HTTP
25	SMTP	110	POP3

chapter 2　機器固有の物理アドレス

12　MACアドレスとは

ネットワークインターフェイス層が使用するアドレス

　ネットワークインターフェイス層のプロトコルが、データをやりとりする相手と自分自身を識別するために使うのが**物理アドレス**です。ネットワークインターフェイス層に**Ethernet**（イーサネット）を採用している場合、物理アドレスは**MACアドレス**になります。MACアドレスはイーサネットカード（ネットワークカード、LANカード）の製造時にメーカーによって付けられます。まとめると、TCP/IPでは、ネットワークインターフェイス層のプロトコルが**物理アドレス**、IPプロトコルが**IPアドレス**、TCP（UDP）プロトコルが**ポート番号**を使い、データのやりとりを行っていることになります。

　実際にデータをやりとりするときは、送信側と受信側のコンピュータや機器の間に、さまざまなコンピュータや機器が存在します。そのため、最終的にデータをやりとりしたい相手だけでなく、「次に送る」相手を特定する必要があります。このときに、最終的にデータをやりとりする相手を特定するのがIPアドレスであり、次に送る相手を特定するのがMACアドレスです。

　IPパケットのヘッダには、最終的にデータをやりとりする相手のIPアドレスの情報が含まれています。この**IPアドレスは、最終的にデータをやりとりする相手に届くまで変わりません**。これに対し、Ethernetフレーム（パケット）のヘッダに含まれる**MACアドレスの情報は、「次に送る」相手に届いたら、そこからさらに「次に送る」相手のMACアドレスに書き換えられます**。最終的にデータをやりとりする相手に届くまで、それは続きます。

　なお、データのやりとりを行う際、相手先のIPアドレスは人間が指定しますのでわかっていますが、MACアドレスはわかりません。そこで、インターネット層のIPアドレスからMACアドレスを調べる**ARPプロトコル**、MACアドレスからIPアドレスを調べる**RARPプロトコル**が用意されています。

データのやりとりに必要なMACアドレス

MACアドレス ＝ Ethernetで使用する物理アドレス

MACアドレス　MACアドレス

製造時にメーカーが付ける

- トランスポート層（TCP、UDP） ➡ ポート番号
- インターネット層（IP） ➡ IPアドレス
- ネットワークインターフェイス層 ➡ 物理アドレス

｝セットでデータをやりとりする

MACアドレスは順次変更される

送る相手のMACアドレスを変更

Ⓐ　Ⓑ　Ⓒ

送る相手の
IPアドレス → Ⓒ
MACアドレス → Ⓑ

送る相手の
IPアドレス → Ⓒ
MACアドレス → Ⓒ

それぞれの機器のインターネット層

ARPプロトコルで調べる

MACアドレス ⇄ IPアドレス

RARPプロトコルで調べる

chapter 2　ほかのネットワークへの出入口

13 ルーターの役割

ゲートウェイとして機能し、データの道筋を選択する

　ルーターは、TCP/IPのネットワークインターフェイス層とインターネット層の処理を担当するネットワーク機器です。**ゲートウェイ**と**ルーティング**機能という、2つの大きな機能を持っています。

　ゲートウェイとは、**ほかのネットワークへの出入口として機能するコンピュータや機器**のことです。ネットワークの中のコンピュータや機器は、ゲートウェイを介してほかのネットワークとデータをやりとりします。ルーターはゲートウェイとしての機能を持っています。

　ルーティングとは、**データの道筋（ルート）を選択する機能**のことで、TCP/IPでは**IPプロトコル**が担当します。あるネットワークから別のネットワークにデータを送りたいとします。直接接続されたネットワーク同士でデータをやりとりするなら簡単ですが、別のネットワークを経由する必要がある場合や、複数のネットワークと接続している場合があります。そのため、最終目的地のネットワークにたどり着けるルートを選ぶ機能が必要となるのです。これがルーティングであり、ルーティングを行う機器、という意味でルーターという名称が付けられています。

　ルートの選択は、「このネットワークにデータを送るときはこのルーター宛てに送る」という情報を元に行われています。この情報を**ルーティングテーブル**と呼びます。

　このように、ルーターは基本的にゲートウェイとルーティングの機能を持つ機器ですが、セキュリティ機能やネットワークの構築・運用に役立つ機能を追加したルーターも多く見られます。家庭用のブロードバンドルーターも、基本的には家庭内のネットワークとインターネットという異なるネットワーク同士を接続する機器ですが、DHCPサーバーなどの機能が追加されているものが一般的です。

ルーター ＝ ゲートウェイ ＋ ルーティング

ゲートウェイ ＝ ほかのネットワークへの出入口

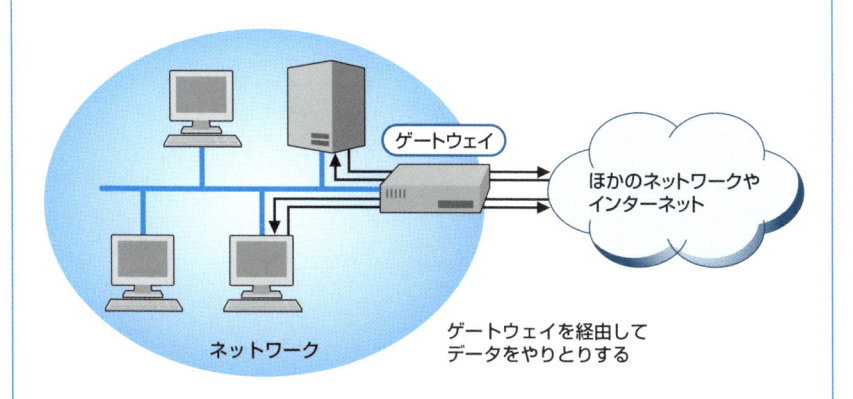

ゲートウェイ

ほかのネットワークやインターネット

ネットワーク

ゲートウェイを経由してデータをやりとりする

ルーティング ＝ データの道筋（ルート）を選択する機能

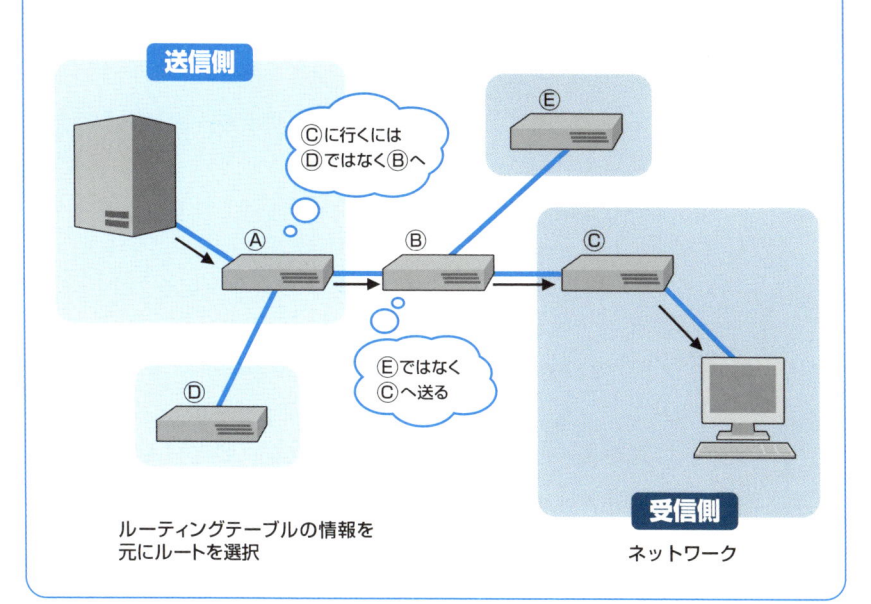

送信側

Ⓒに行くには
Ⓓではなく®へ

Ⓔではなく
Ⓒへ送る

受信側
ネットワーク

ルーティングテーブルの情報を
元にルートを選択

chapter 2 グローバルIPとプライベートIPの変換
14 NAT、NAPTの仕組み

グローバルIPとポート番号を組み合わせるNAPTが一般的

　一般的なネットワークでは、コンピュータや機器に**プライベートIP**を付けますが、インターネットを利用するためにはインターネットで通用する**グローバルIP**が必要です（52ページ参照）。プライベートIPのままではインターネットを利用できません。そこで、プライベートIPとグローバルIPを変換する**NAT**（ネットワークアドレス変換）という仕組みを使います。

　プライベートIPを持つコンピュータが、インターネットにあるコンピュータとデータをやりとりするとします。まず、コンピュータはネットワークの出入口であるゲートウェイにデータを送ります。データはそこからインターネットへと送られていくのですが、問題はIPパケットに送信側のIPアドレスとして、送信側のコンピュータのプライベートIPが記載されていることです。そこで**ゲートウェイは、IPパケットに記載されているプライベートIPをゲートウェイに付けられたグローバルIPに書き換えて**送ります。データが受信側のコンピュータに届き、今度は受信側から送信側に返信データを送るとしましょう。受信側のコンピュータは先に届いたIPパケットのヘッダを参照し、送信側アドレス＝ゲートウェイのグローバルIPを宛先としてデータを送ります。受け取ったゲートウェイは、どのプライベートIPと変換したかの記録を参照して、本来の受け取り先であるコンピュータにデータを送ります。

　しかし、NATの場合、グローバルIP ⇄ プライベートIPの組み合わせを1通りしか作れません。ということは、同時に行いたいデータのやりとりの数だけグローバルIPを用意しなければなりません。これでは不便なので、IPアドレスにポート番号を組み合わせた**NAPT（IPマスカレードとも呼ぶ）**という仕組みが考え出されました。NAPTを使うとグローバルIPが1つでも、グローバルIP＋ポート番号の組み合わせは複数作れますので、同時に複数のコンピュータでデータをやりとりすることができます。

プライベートIPとグローバルIPを変換する

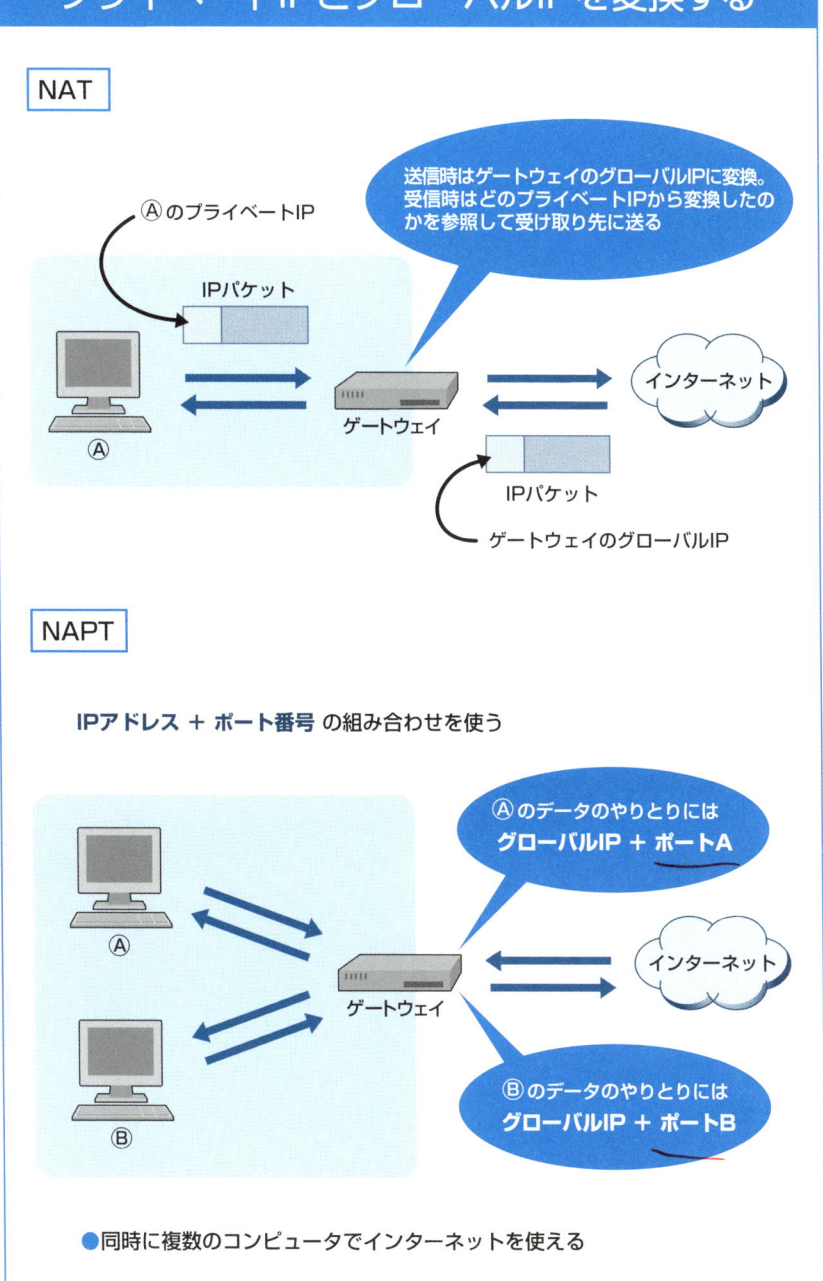

NAT

Ⓐのプライベート IP

IPパケット

送信時はゲートウェイのグローバルIPに変換。受信時はどのプライベートIPから変換したのかを参照して受け取り先に送る

ゲートウェイ

インターネット

IPパケット

ゲートウェイのグローバルIP

NAPT

IPアドレス ＋ ポート番号 の組み合わせを使う

Ⓐのデータのやりとりには
グローバルIP ＋ ポートA

ゲートウェイ

インターネット

Ⓑのデータのやりとりには
グローバルIP ＋ ポートB

● 同時に複数のコンピュータでインターネットを使える

chapter 2 人間がネットワークをわかりやすく使うために
15 IPアドレスとドメイン名

人間が覚えやすいようにIPアドレスを置き換えたものがドメイン名

　インターネットを使ってウェブサイトにアクセスしたり、メールサーバーにアクセスしてメールを送受信するときには、ウェブサーバーやメールサーバーのグローバルIPアドレスを指定します。しかし、グローバルIPは数字を並べただけで、人間にとっては覚えづらいものです。そこで、覚えやすいようにグローバルIPを文字に置き換えた**ドメイン名**が使われています。

　ドメイン名は**ICANN**という団体が管理しており、日本のドメイン名は**JPRS**（株式会社日本レジストリサービス）が管理業務を行っています。ドメイン名を取得する際は、JPRSが指定する指定事業者に申し込み、指定事業者がJPRSに手続きを行います。

　ドメイン名は、4つのブロック（ラベル）に分かれています。例えば「www.xxxx.co.jp」というドメイン名の場合、一番右から**トップレベルドメイン**、**第2レベルドメイン**、**第3レベルドメイン**、**第4レベルドメイン**と呼びます。トップレベルドメインは国を表します（米国は組織の属性）。日本は「jp」です。第2レベルドメインは組織の種類（co＝企業、ne＝ネットワークサービスなど）、第3レベルドメインは組織の名称（企業名、学校名など）を表します。第4レベルドメイン以降は「ホスト名」「サブドメイン名」として、ドメイン名を取得した組織が自由に付けて管理できます。

　ドメイン名は人間には便利ですが、コンピュータが直接これを利用するわけではないので、実際のデータのやりとりにはIPアドレスが必要です。そこで、ドメイン名からIPアドレスを調べる**DNSサービス**を使います。人間が宛先として「www.xxxx.co.jp」と指定した場合、まずDNSサーバにアクセスし、「www.xxxx.co.jp」に該当するIPアドレスを問い合わせます。そして、該当するIPアドレスを使いデータをやりとりします。

chapter 2　ネットワークの基礎を知っておこう

ドメイン名とは何か

ドメイン名

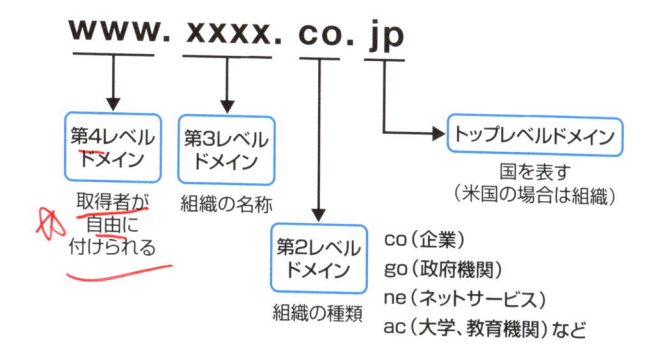

www. xxxx. co. jp

- 第4レベルドメイン：取得者が自由に付けられる
- 第3レベルドメイン：組織の名称
- 第2レベルドメイン：組織の種類
  - co（企業）
  - go（政府機関）
  - ne（ネットサービス）
  - ac（大学、教育機関）など
- トップレベルドメイン：国を表す（米国の場合は組織）

ドメイン名の管理と取得

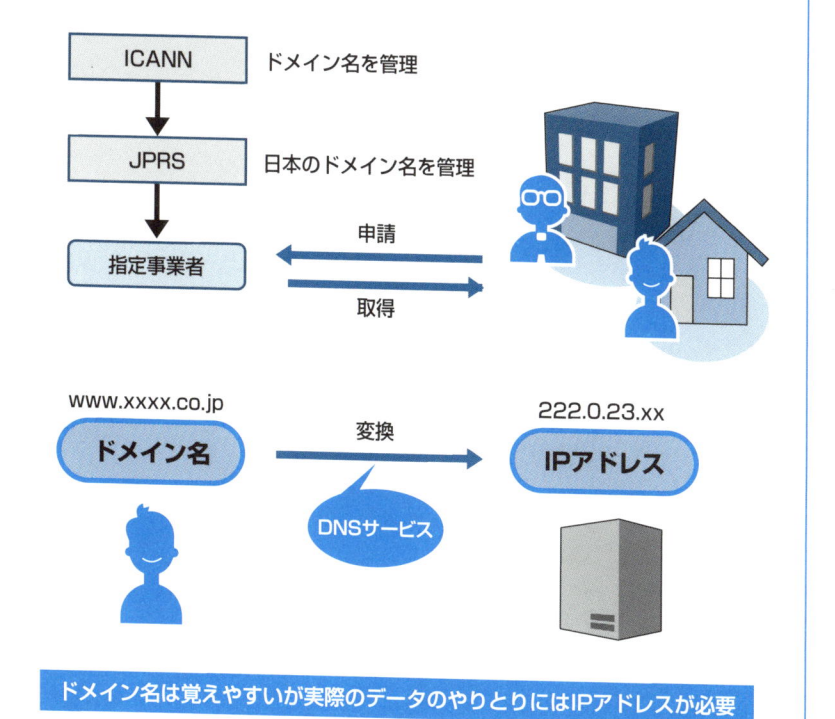

- ICANN　ドメイン名を管理
- JPRS　日本のドメイン名を管理
- 指定事業者 ← 申請／取得 → （利用者）

www.xxxx.co.jp
ドメイン名 →（変換：DNSサービス）→ IPアドレス　222.0.23.xx

ドメイン名は覚えやすいが実際のデータのやりとりにはIPアドレスが必要

COLUMN

日本語ドメインとは

インターネット上のサイトにアクセスするときに入力する「URL」は、アルファベットや数字で表現されるのが一般的でした。ところが、最近では、URLを日本語で表記できる「日本語ドメイン」が増えてきています。

日本語ドメインは「日本語.jp」という形式になっています。実際に日本語で表記されているドメインにアクセスしたいときには、InternetExplorerなどのブラウザのURL入力欄に「＜日本語＞.jp」と入力します。すると、ブラウザが自動的に日本語部分を「Punycode変換」という方式でアルファベットに変換してからDNSサーバーに問い合わせます。DNSサーバーは、ドメイン名から目的のコンピュータのIPアドレスを調べる機能を持っています。そこで、DNSサーバーの結果を利用して、目的のサイトが自動的に表示される仕組みです。

ドメイン名が日本語になることのメリットは、読みやすく、覚えやすいことでしょう。企業のウェブサイトにもアクセスしやすくなるはずです。また、検索結果に一覧表示されていても、日本語ドメインは目立ちます。さらに、商品名やキャンペーンなどの名前でドメインを取れば、ドメイン名がそのまま広告にもなります。

一方で、日本語には表記の揺れが存在します。例えば「ジ」と「ヂ」のように同じ発音なのに違う文字を使用しているケースがあります。このため、大手タイヤメーカー「ブリヂストン」では、「ブリヂストン.jp」と「ブリジストン.jp」の両方を取得して、表記の揺れを解決しています。

日本語ドメインは、日本語ドメインに対応したドメイン登録業者で取得することができます。

3 chapter

さまざまなサーバーの働き

サーバーの種類は細かいものを含めるとたくさんありますが、本章ではウェブサーバー、メールサーバー、ファイルサーバー、プリントサーバーなど、代表的なものをいくつか取り上げ、その働きについて解説します。

chapter 3 サーバーの基礎知識

1 用途に合わせてサーバーを用意する

ハードウェア、OS、ソフトウェアが必要

　サーバーは、**サーバー用のコンピュータ、OS、そして提供したいサービスに応じたソフトウェア**で構成されています。サーバーを構築する際は、まずどんなサービスを提供するのかを決めた上で、それにあったコンピュータ、OS、ソフトウェアを用意します。OSは一般的なパソコンで使われているものではなく、サーバー用OSを選びます。そして用意したOSに対応しているサーバー用ソフトウェアを購入します。無償のOSやソフトウェアもあり、サーバー構築にかかる初期費用を抑えることができます。ただ、有償のソフトウェアにすればユーザーサポートを受けられるというメリットがあります。

　1台のコンピュータに複数のサーバー用ソフトウェアを導入し、複数のサービスを提供することも可能です。ただし、インターネットのサービスを提供するサーバーと、ファイルサーバーなどのネットワーク内だけで使用するサーバーを1台で済ませることはセキュリティ上問題があるので、必ず別々のコンピュータを用意するようにしましょう。

　また、1台のコンピュータにサーバーとしての機能を集約してしまうと、トラブルが起きた場合の影響が大きくなります。例えばウェブサーバーとメールサーバーを1台のコンピュータでまかなっていると、ハードウェアの不具合が起きた場合、ウェブとメール両方のサービスが停止してしまいます。別々のコンピュータにしておけば、1台が停止してももう1台は無事ですので、すべてのサービスが停止するという事態は避けられます。1台に集約することで、クライアントからサーバーへのアクセスが集中し、スムーズにサービスを提供できなくなる可能性も考えられます。サーバーとして使うコンピュータの台数を増やせばそれだけ管理の手間やコストが増えますので難しい面もありますが、なるべくサービスごとにサーバー用のコンピュータを用意した方がよいでしょう。

CHAPTER 3　さまざまなサーバーの働き

サーバーに必要なものと使い方

サーバー

サーバー用コンピュータ　　サーバー用OS　　サーバー用ソフトウェア

サーバーに必要なもの

サービス　サービス

1台で複数のサービスを提供することも可能だが問題もある

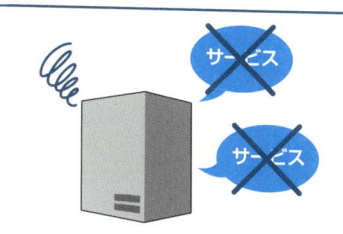

ハードウェアにトラブルが発生すると影響が大きい

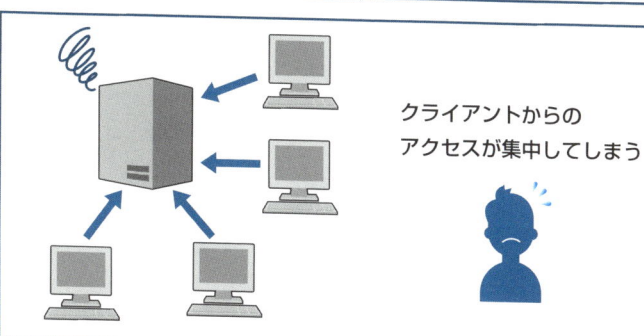

クライアントからのアクセスが集中してしまう

69

chapter 3　ファイルやプリンタを共有する

2 ファイルサーバーとプリントサーバー

ネットワークサービスの基本となるファイル共有・プリンタ共有

　ファイル共有サービスとプリンタ共有サービスは、企業ネットワークで最もポピュラーなサービスと言えるでしょう。ファイル共有サービスを提供するサーバーを**ファイルサーバー**、プリンタ共有サービスを提供するサーバーを**プリントサーバー**と呼びます。サーバー用のWindows OSには、ファイル共有サービス、プリンタ共有サービスを提供するサーバー用ソフトが標準で装備されていますので、別途ソフトを用意する必要はありませんが、より高機能なソフトや、専用のサーバー機を導入することも可能です。

　ファイル共有サービスでは、各ユーザーがファイルサーバーにファイルを保存します。ほかのユーザーは、自分が使用するクライアントからそのファイルにアクセスし、閲覧・変更を行います。これによって、ファイルの内容をプリントアウトして配らなくても簡単に情報を共有することができます。企業ネットワークでは、ディレクトリサービスと併用するなどして部門別、クライアント別にアクセス権限を設定し、各クライアントが必要なファイルだけにアクセスできるよう管理します。

　プリンタ共有サービスは、複数のクライアントでプリンタを共有するサービスです。クライアントは、プリントサーバーを介して、プリントサーバーに接続されたプリンタを利用します。クライアントに直接接続されているプリンタを共有するという方法もありますが、プリンタが接続されているクライアントが起動していないとプリンタを使えません。常時稼働しているプリントサーバーを用意することで、クライアントはいつでも使いたいときにプリンタを利用できます。

　プリントサーバーの場合、サーバー用のコンピュータではなく小型の専用機を利用するケースも多く見られます。小規模ネットワークや家庭のネットワークでの使用を想定した安価なプリントサーバーも販売されています。

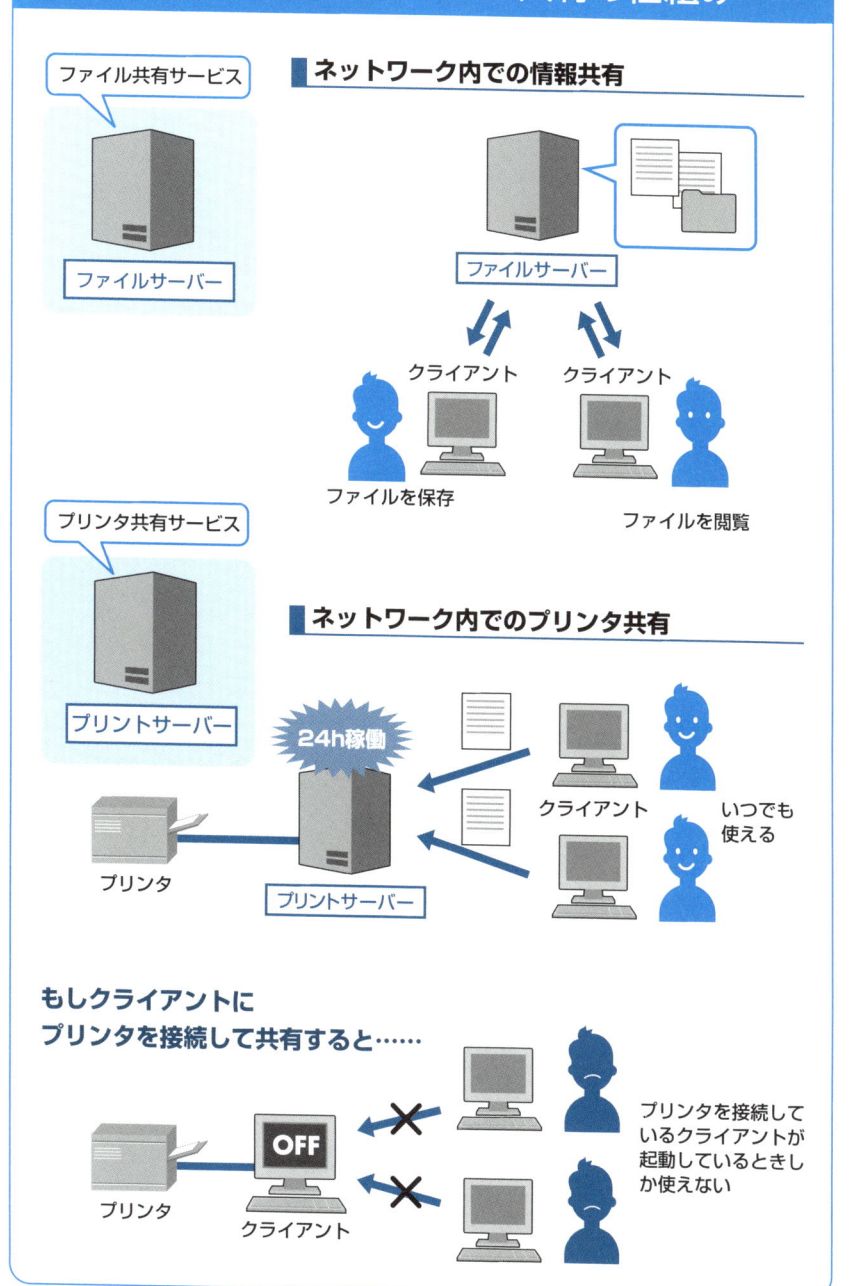

chapter 3 さまざまなサーバーの働き

ファイル共有とプリンタ共有の仕組み

■ネットワーク内での情報共有

ファイル共有サービス
ファイルサーバー

ファイルサーバー
クライアント / クライアント
ファイルを保存 / ファイルを閲覧

プリンタ共有サービス
プリントサーバー

■ネットワーク内でのプリンタ共有

24h稼働
プリンタ / プリントサーバー
クライアント
いつでも使える

**もしクライアントに
プリンタを接続して共有すると……**

プリンタ / クライアント OFF

プリンタを接続しているクライアントが起動しているときしか使えない

71

chapter 3 簡便にインターネットに接続できるようにする
3 DHCPサーバーの働き

データのやりとりに必要な情報を自動的にクライアントに配布する

　TCP/IPネットワークでは、ネットワークに参加する全てのコンピュータや機器にIPアドレスを付ける必要があります。数台のコンピュータや機器だけの小規模ネットワークなら手作業でIPアドレスを付ければいいのですが、企業ネットワークなど多くのコンピュータや機器が参加しているネットワークでは、1台1台に手でIPアドレスを付けるとなると、非常に手間になります。また、同じIPアドレスを付けないよう管理するのも大変です。そこで、IPアドレスなど、データのやりとりに必要な情報を自動的に配布する**DHCP**（Dynamic Host Configuration Protocol）サービスを利用します。

　DHCPサービスを提供するDHCPサーバーは、**IPアドレス**、**サブネットマスク**、外部ネットワークとの出入口である**デフォルトゲートウェイ**のIPアドレスなどの情報をクライアントに配布します。クライアントのOSにはDHCPサービスを利用するためのソフトが標準装備されていますので、ユーザーは「DHCPサービスを利用する」と設定するだけで、DHCPサーバーから配布された情報が自動的に設定されます。

　クライアントにIPアドレスを配布するときは、DHCPサーバー側で「ここからここまでのIPアドレスを使う」というIPアドレスの範囲と有効期限を設定します。新しいクライアントがネットワークに参加したら、自動的にDHCPサーバーが範囲内のIPアドレスから使われていないものを選んで配布します。IPアドレスには有効期限があり、有効期限が来たらそのIPアドレスは回収されます。クライアントは再度DHCPサービスを利用して新しいIPアドレスを受け取り、設定します。そのため、クライアントのIPアドレスは一定期間ごとに異なります。これはIPアドレスを有効に活用するための仕組みですが、常に同じIPアドレスを付けておきたいサーバーや機器もあります。その場合はサーバー管理者が手動でIPアドレスを設定します。

chapter 3　さまざまなサーバーの働き

DHCPサービスの仕組みとメリット

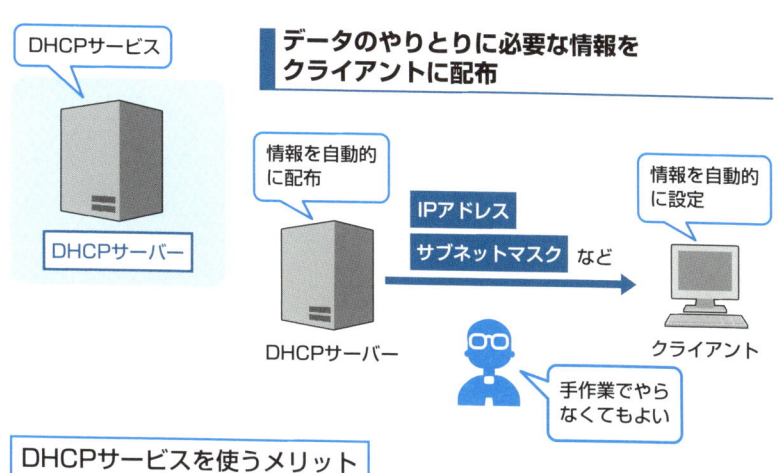

データのやりとりに必要な情報をクライアントに配布

DHCPサービス

DHCPサーバー

情報を自動的に配布

IPアドレス
サブネットマスク　など

情報を自動的に設定

DHCPサーバー　　　クライアント

手作業でやらなくてもよい

DHCPサービスを使うメリット

簡単！
管理者
- IPアドレスの管理が楽になる
- IPアドレスを有効活用できる

簡単！
ユーザー
- 「DHCPサービスを利用する」と設定するだけで自動的にIPアドレスなどがコンピュータに設定される

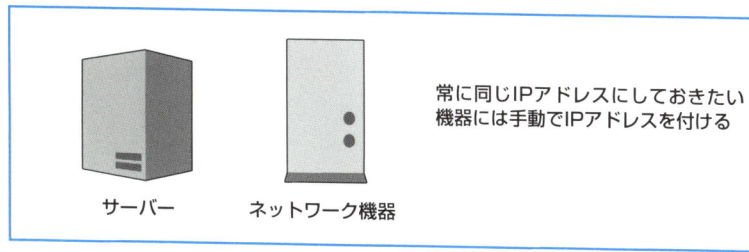

サーバー　　ネットワーク機器
常に同じIPアドレスにしておきたい機器には手動でIPアドレスを付ける

73

Chapter 3　グローバルIPとドメイン名を変換する

4　DNSサーバーの働き

グローバルIPとドメイン名を変換するサービスを提供

　DNS（Domain Name System）は、インターネットで使用されている**グローバルIP**と**ドメイン名**を対応させる仕組みです。DNSサービスを提供するのが**DNSサーバー**で、**ネームサーバー**とも呼びます。DNSサービスは、インターネットを利用する上で必須のサービスです。ネットワークを構築する際は、必ずDNSサーバーを構築します。

　DNSは、**ルートサーバー**と呼ばれるDNSサーバーを頂点とした階層構造をとっています。クライアントが「www.xxxx.co.jp」というドメイン名に対応するグローバルIPを調べたいとしましょう。まず、クライアントは**リゾルバ**というソフトを使用して、クライアントが属するネットワークに配置されたDNSサーバーにアクセスします。リゾルバはTCP/IPに対応しているOSであれば、標準で装備されています。クライアントが最初にアクセスする、自分のネットワークに配置されたDNSサーバーは**フルサービスリゾルバ**または**DNSキャッシュサーバー**と呼ばれ、クライアントの要求に応えてグローバルIPを調べる役割を持っています。フルサービスリゾルバはまずルートサーバーにアクセスし、「www.xxxx.co.jp」のグローバルIPを尋ねます。ルートサーバーはすべてのグローバルIPではなく、トップレベルドメインを管理しているDNSサーバーの情報を持っています。この場合、ルートサーバーはフルサービスリゾルバに、トップレベルドメイン「jp」を管理しているDNSサーバーを教えます。フルサービスリゾルバは教えてもらったDNSサーバーに再度問い合わせます。このように、フルサービスリゾルバはトップレベルドメインから順番に管理しているDNSサーバーを教えてもらい、最終的に第4レベルドメインを管理しているDNSサーバーにたどり着き、そこで対応するグローバルIPを教えてもらいます。そのグローバルIPをクライアントに教えると、クライアントはそれを使ってデータのやりとりを始めることができます。

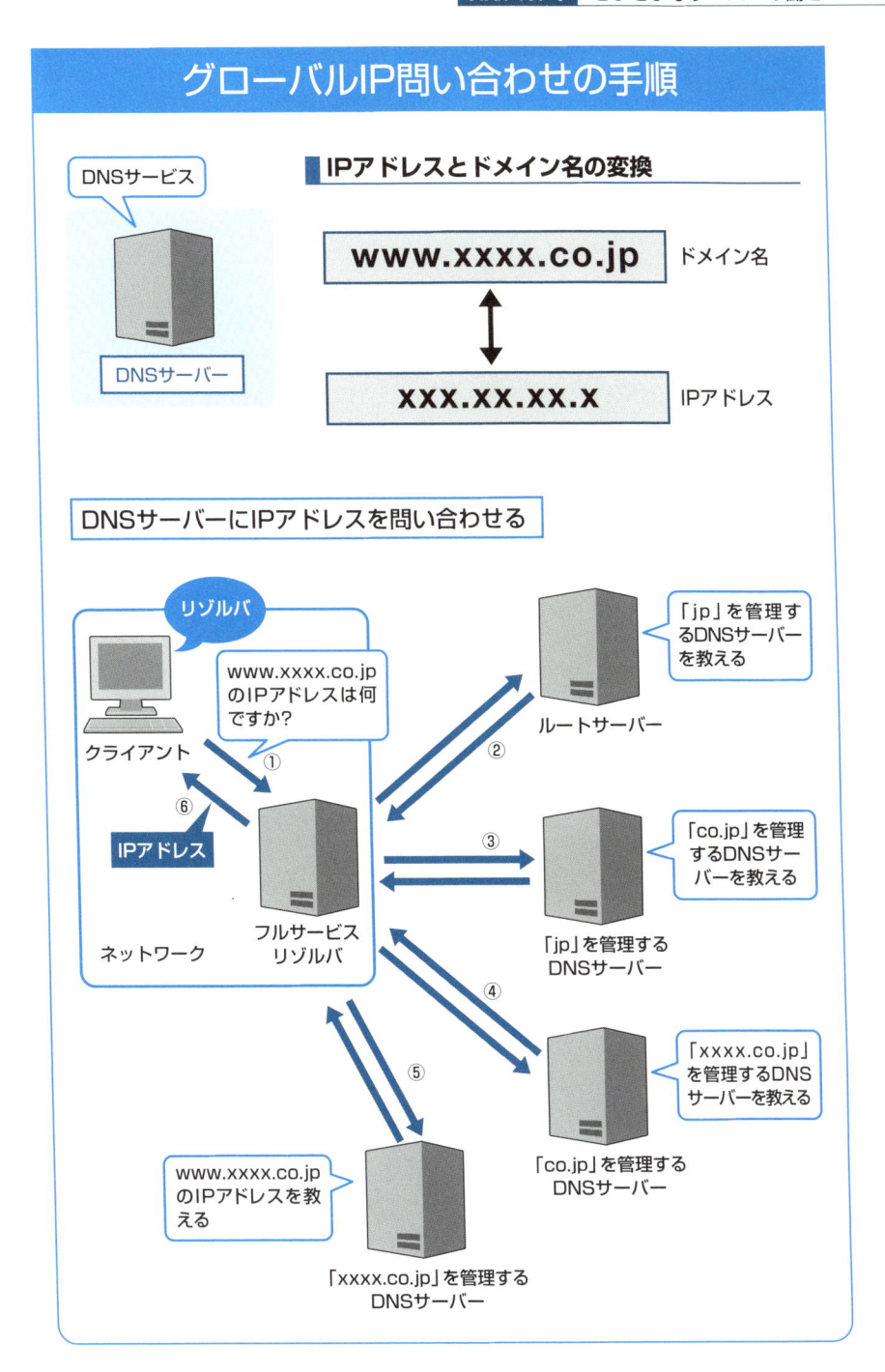

グローバルIP問い合わせの手順

■IPアドレスとドメイン名の変換

DNSサービス

DNSサーバー

www.xxxx.co.jp　ドメイン名

↕

xxx.xx.xx.x　IPアドレス

DNSサーバーにIPアドレスを問い合わせる

リゾルバ

クライアント

www.xxxx.co.jpのIPアドレスは何ですか？

①

⑥ IPアドレス

ネットワーク

フルサービスリゾルバ

②

ルートサーバー　「jp」を管理するDNSサーバーを教える

③

「jp」を管理するDNSサーバー　「co.jp」を管理するDNSサーバーを教える

④

「co.jp」を管理するDNSサーバー　「xxxx.co.jp」を管理するDNSサーバーを教える

⑤

「xxxx.co.jp」を管理するDNSサーバー　www.xxxx.co.jpのIPアドレスを教える

chapter 3　時刻を合わせる

5　NTPサーバーの働き

正確な時刻をNTPサーバーから取得する

　コンピュータやネットワーク機器に内蔵されている時計の時刻が正確でないと、データのやりとりや、データのやりとりを記録する際に不具合が生じる可能性があります。常に正しい時刻に合わせておくために、時刻を同期させる**NTP**（Network Time Protocol）サービスを利用します。

　NTPサービスは階層構造をとっており、最も上位にあるNTPサーバーはGPSなどから正確な時刻を取得しています。下位のNTPサーバーは、最上位のサーバーから提供された時刻を取得し、さらに下位のNTPサーバーやクライアントに提供します。

　企業ネットワークでは、ネットワーク内にNTPサーバーを構築するのが一般的です。クライアントはそのNTPサーバーから正確な時刻を取得します。こうすることで、ネットワークに参加しているコンピュータや機器の時刻が統一されます。ネットワーク内に構築したNTPサーバーは、契約プロバイダが提供するNTPサーバーなど、上位のNTPサーバーにアクセスし正確な時刻を取得します。一般公開されているNTPサーバーにアクセスする方法もありますが、公開サーバーには多くのアクセスが集中し、サーバーに負荷がかかりすぎているという問題があります。遠くのNTPサーバーより近くのNTPサーバーにアクセスした方がより正確な時刻を得られることもありますので、契約プロバイダが提供するNTPサーバーから時刻を取得するのがよいでしょう。

　Windowsネットワークでディレクトリサービスの**Active Directory**を稼働させるには、NTPサービスで時刻を同期させることが必須条件となっています。そのために、Active Directoryサービスの認証機能を担当するWindowsサーバー**「ドメインコントローラ」**がNTPサーバーの役割を果たしており、クライアントは自動的にドメインコントローラと時刻を同期する仕様となっています。

コンピュータの時刻合わせの手順

■コンピュータや機器の時刻を合わせる

NTPサービス

NTPサーバー

データのやりとり
データのやりとりの記録（ログ）

→ ネットワーク内の時刻を同期させる必要がある

クライアント
クライアント
NTPサーバー
ほかのサーバー
ネットワーク

GPSなどから正確な時刻を取得

NTPサーバー
NTPサーバー
NTPサーバー
NTPサーバー
NTPサーバー
NTPサーバー
NTPサーバー
NTPサーバー

chapter 3　ウェブを公開する

6 ウェブサーバーの働き

クライアントから要求されたデータを送るというシンプルな仕組み

　インターネットの代名詞とも言える**ウェブサービス**は、クライアントがウェブサーバーにデータを要求し、ウェブサーバーがデータを送るというシンプルな仕組みのサービスです。データのやりとりには、TCP/IPのアプリケーション層に属する**HTTPプロトコル**が使われます。ウェブサービスを提供するにはウェブサーバー用ソフトが必要です。クライアントもウェブサービスを利用するソフトを用意します。これを**ブラウザソフト**と呼びます。

　ウェブサーバーとクライアントとのデータのやりとりの流れを見てみましょう。まずクライアントがウェブサーバーに、HTTPプロトコルの決まりに沿って「このデータを送ってください」と要求します。ウェブサーバーは「要求されたら送るデータ」つまり公開するデータを所定のフォルダにまとめて管理しています。要求データを受け取ったウェブサーバーは、そのフォルダの中から指定されたデータを選んでクライアントに送り返します。そして、クライアントのブラウザソフトが、そのデータを解析して表示します。受け取ったデータの中にさらに「このウェブサーバーの、このデータが必要」という記述があれば、再度ウェブサーバーに要求データを送り、データを送ってもらいます。

　クライアントがデータを要求するときに使うのがURI（Uniform Resource Identifier）です。URIは情報資源（リソース）を特定するために定義された記述方式で、「http://www.xxxx.co.jp/directory/index.html」のように記述します。最初の「http」の部分を**スキーム**と呼び、クライアントのブラウザソフトはそれを見て、どのような方法でデータをやりとりするかを判断します。スキームがhttpなら、HTTPプロトコルでデータをやりとりすることになります。スキームの後に続く部分で、データを管理するサーバー名、サーバーが管理するフォルダやファイル名などを指定し、要求するデータを特定します。

chapter 3　さまざまなサーバーの働き

ウェブサービスの仕組みとURIの構造

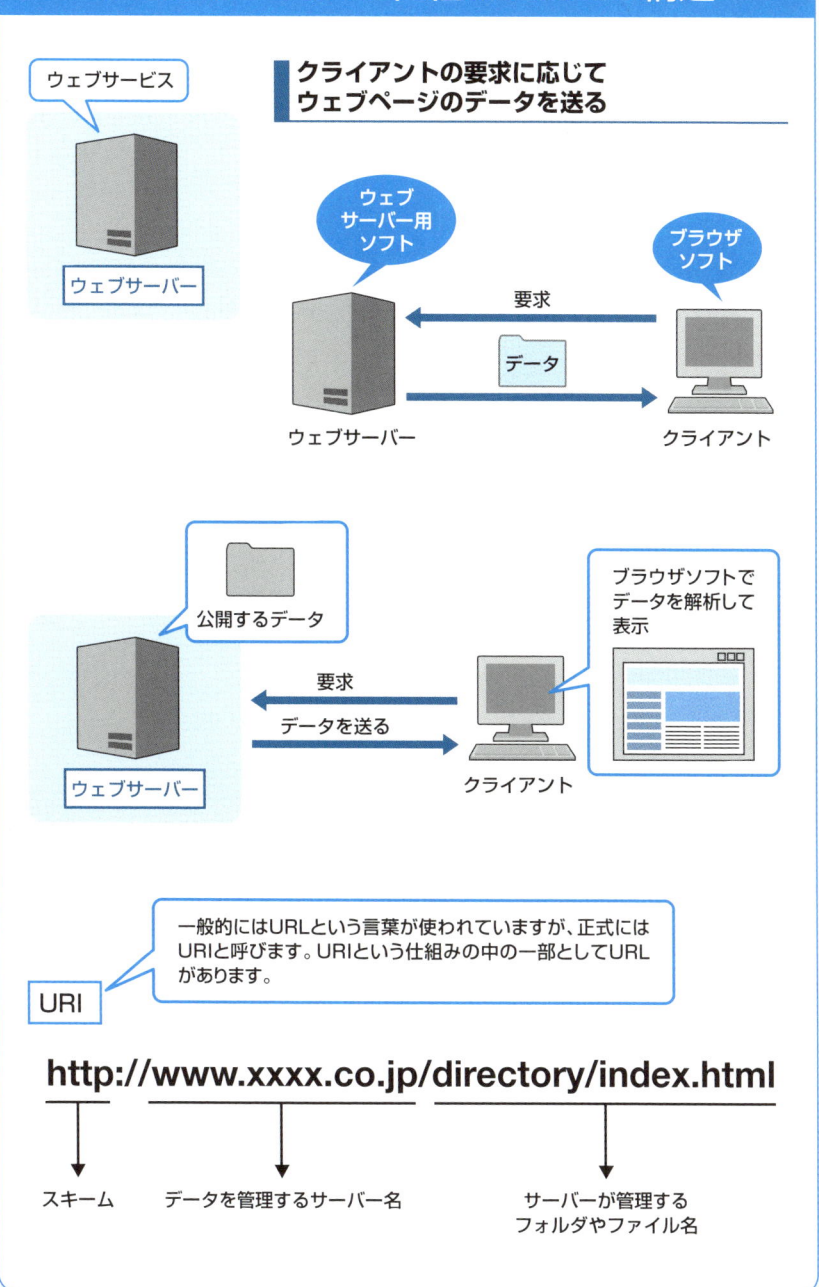

**クライアントの要求に応じて
ウェブページのデータを送る**

ウェブサービス
ウェブサーバー

ウェブサーバー用ソフト
ブラウザソフト
要求
データ
ウェブサーバー　クライアント

公開するデータ
ウェブサーバー
要求
データを送る
クライアント
ブラウザソフトでデータを解析して表示

URI
一般的にはURLという言葉が使われていますが、正式にはURIと呼びます。URIという仕組みの中の一部としてURLがあります。

http://www.xxxx.co.jp/directory/index.html

スキーム　　データを管理するサーバー名　　サーバーが管理するフォルダやファイル名

chapter 3　ウェブページはどのようにできているか

7 ウェブページを構成する技術

HTMLで記述したテキストにさまざまなコンテンツを組み合わせる

　ウェブサーバーが公開するウェブページは、**WWW**（World Wide Web）という仕組みで作られています。WWWとは、ネットワークでドキュメント（文書）を公開するための仕組みのことで、ドキュメントとドキュメントを関連づけて呼び出す**ハイパーリンク**が特徴です。ウェブページの「リンク」がわかりやすい例でしょう。ユーザーは、リンクをクリックすればほかのドキュメント（ウェブページ）を呼び出して閲覧できます。このとき、ユーザーは呼び出したドキュメントがどのウェブサーバーに保存されているのかを意識することはありません。これもWWWの大きな特徴の1つです。また、画像などを呼び出してドキュメントの中に組み込んで表示させることもできます。

　WWWのドキュメント、つまりウェブページは一般的に**HTML**（HyperText Markup Language）で記述します。HTMLでは、ドキュメントの構造やレイアウト情報、ハイパーリンクで呼び出す画像などの情報、リンクの情報などを、**タグ**と呼ばれる命令を使用して記述します。ハイパーリンクでほかのデータを呼び出す際は、**URI**でそのデータのありかを指定します。

　クライアントがWWWの仕組みを利用してドキュメントを閲覧するときに使うのが**ブラウザソフト**です。HTMLを解析して表示するのが基本的な機能ですが、現在では動画プレイヤーと連携し、動画配信専用のサーバーからコンテンツをダウンロードして表示するなど、多彩な機能を持つようになりました。また、ブラウザソフトはHTMLだけでなくJavaScript、XMLなどほかの言語にも対応しています。

　ウェブサーバーを構築・管理するスキルとウェブページを作成するスキルは別ですが、ウェブページの基本を押さえておくとウェブサーバーを設定する際に、設定内容がどのような意味を持つのかをより深く理解できます。一通りの基礎知識は持っていた方がよいでしょう。

Chapter 3 さまざまなサーバーの働き

WWWとHTML

WWW (World Wide Web)

ドキュメント ⇔ ドキュメント

関連づけて呼び出す
ハイパーリンク

リンク → リンクされたドキュメントを呼び出す

呼び出す → 画像 → 組み込んで表示

HTMLでWWWドキュメントを記述

```
<HTML>
<HEAD>○○○</HEAD>
<BODY>
<IMG SRC="./xx.jpg">
<B>太字</B>
<A HREF="./○○.html">
リンク</A>
```

- ドキュメントの構造
- レイアウト情報
- 画像などのファイルを呼び出す
- ほかのドキュメントへのリンク

ブラウザソフトで解析して表示

- ほかのソフトと連携
- さまざまなプログラム言語に対応

chapter 3　動的ページとは何か

8 ウェブサーバーでプログラムを動作させる

ほかのプログラムと連携して動的にウェブページを生成する

　事前に作成され、ウェブサーバーが管理する所定のフォルダに保存されているウェブページを**静的ページ**と呼びます。これに対し、クライアントの要求があったときに生成されるウェブページを**動的ページ**と呼びます。掲示板のようにユーザーからの入力データや操作を反映するものは動的ページです。また、クライアントの要求があった時点での商品在庫数など、サイト配信側が持つデータに応じて動的ページを生成することも可能です。

　動的ページを生成する仕組みとしてよく知られているのが**CGI**です。CGIとは、ウェブサーバーソフトとは別に処理用のプログラムを用意し連携させる仕組みのことです。また、プログラム言語によっては、そのプログラムを処理するためのソフトが必要な場合もあります。動的ページを生成するためのプログラム言語として広く使われている**Perl**がそうです。Perlを採用する場合はPerlで記述したプログラムと、Perlという名称の処理ソフトを用意することになります。Perlを使用する場合、クライアントがプログラムを要求したら、要求を受け付けたウェブサーバーソフトは処理ソフトにプログラムを渡します。処理ソフトはプログラム通りに処理して結果をウェブサーバーソフトに返します。ウェブサーバーソフトはその結果をクライアントに送り返します。

　ウェブサーバーソフトに、**モジュール**というかたちで処理ソフトを組み込んで連携させる方式を採用しているのが**PHP**です。PHPは動的にウェブページを生成するために開発されたプログラム言語で、データベースソフトとの連携に優れているのが特徴です。

　ユーザーから「ブログを開設したい」「閲覧者がレイアウトをカスタマイズできるようにしてほしい」といった希望が来た場合、これらは動的ページですから、ウェブサーバー管理者はプログラムや処理ソフトを用意するなど、動的ページを生成する環境を整える必要があります。

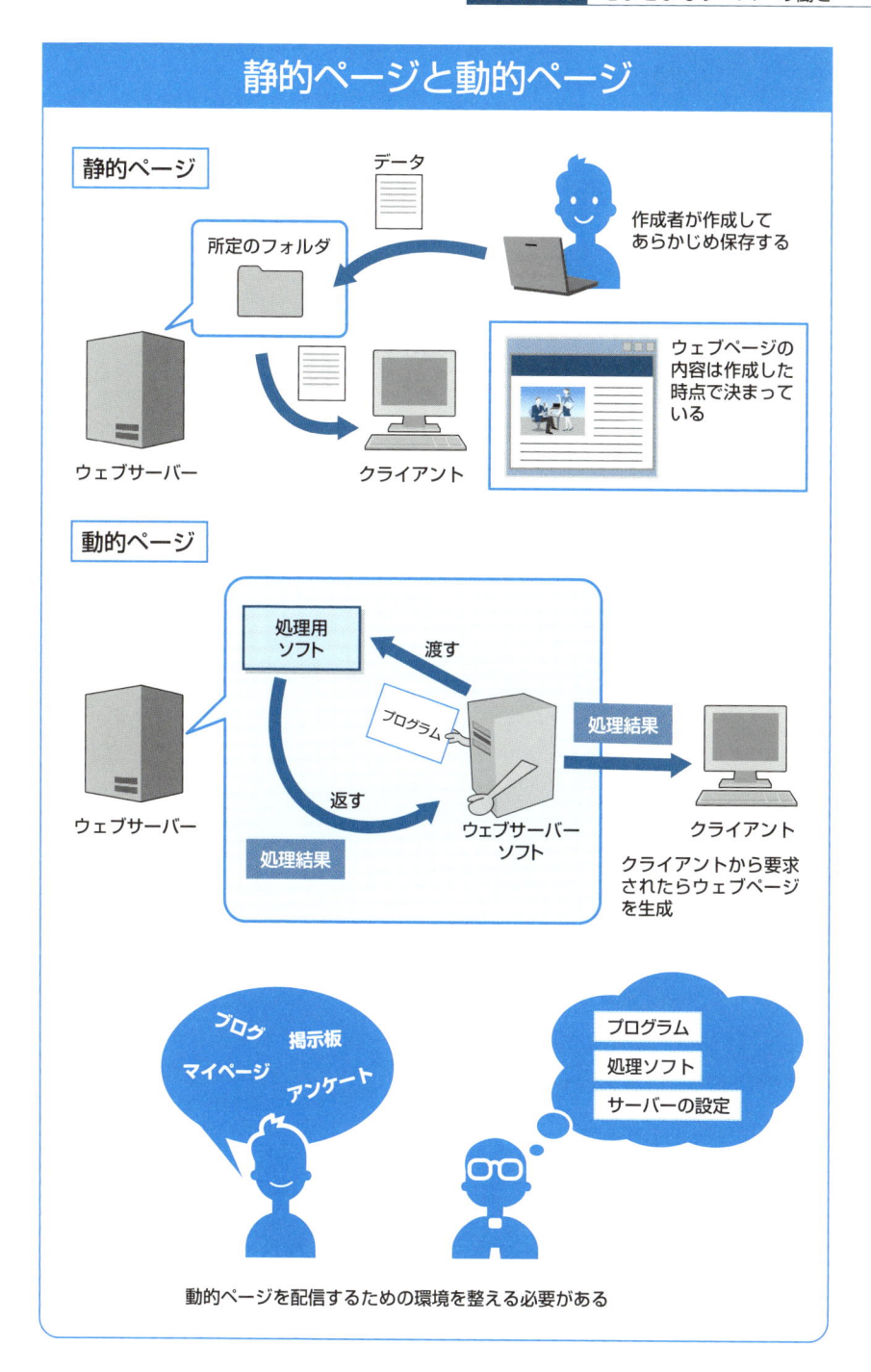

chapter 3　さまざまなサーバーの働き

静的ページと動的ページ

静的ページ

データ

所定のフォルダ

作成者が作成してあらかじめ保存する

ウェブサーバー　クライアント

ウェブページの内容は作成した時点で決まっている

動的ページ

処理用ソフト

渡す

プログラム

処理結果

返す

処理結果

ウェブサーバー　ウェブサーバーソフト　クライアント

クライアントから要求されたらウェブページを生成

ブログ　掲示板　マイページ　アンケート

プログラム
処理ソフト
サーバーの設定

動的ページを配信するための環境を整える必要がある

83

chapter 3 メールを送受信する

9 SMTPサーバーの働き

SMTPサーバーは相手のメールボックスまでデータを送り届ける

　メールサービスを提供するメールサーバーは、**SMTP**（Simple Mail Transfer Protocol）サーバーと**POP3**（Post Office Protocol Version 3）サーバーの2つを総称した呼び方です。クライアント用メールソフトの設定では、SMTPサーバーは「送信用サーバー」、POP3サーバーが「受信用サーバー」と表記されています。クライアントの視点から見ればその通りなのですが、サーバーの視点から見ると、メールデータの送受信はSMTPサーバーが担当します。送信だけでなく受信もSMTPサーバーの役割です。POP3サーバーは、クライアントが、保存されている自分宛てのメールデータを取得する際に使われます。

　では、SMTPサーバーが担当するメールデータのやりとりの流れを見てみましょう。まず送信側のクライアントが、クライアント用メールソフトで送信用サーバーとして設定したSMTPサーバーにメールデータを送ります。送信側のSMTPサーバーは、宛先メールアドレスの@の後にある**ドメイン名**を見て、どのSMTPサーバーに送信すればいいのかを判断し、受信側のSMTPサーバーにメールデータを送ります。メールデータを受け取った受信側のSMTPサーバーは、宛先メールアドレスの@の前にある**アカウント名**を見て、そのアカウントの**メールボックス**にメールデータを保存します。メールボックスとは、アカウントごとに区分けされた所定のハードディスクのことです。これで、メールデータのやりとりは一旦終了です。まだメールデータは相手ユーザーに届いていませんが、ここから先はPOP3サーバーが担当します。

　SMTPには認証機能がないため、迷惑メール業者がSMTPサーバーを無断使用し、大量の迷惑メールを送信するという問題が発生しました。そこで、SMTPに認証機能を追加した**SMTP認証**という仕組みが作られました。SMTP認証は、外部のネットワークからSMTPサーバーを利用する場合などで使われています。

メールが受信側のSMTPサーバーに届くまで

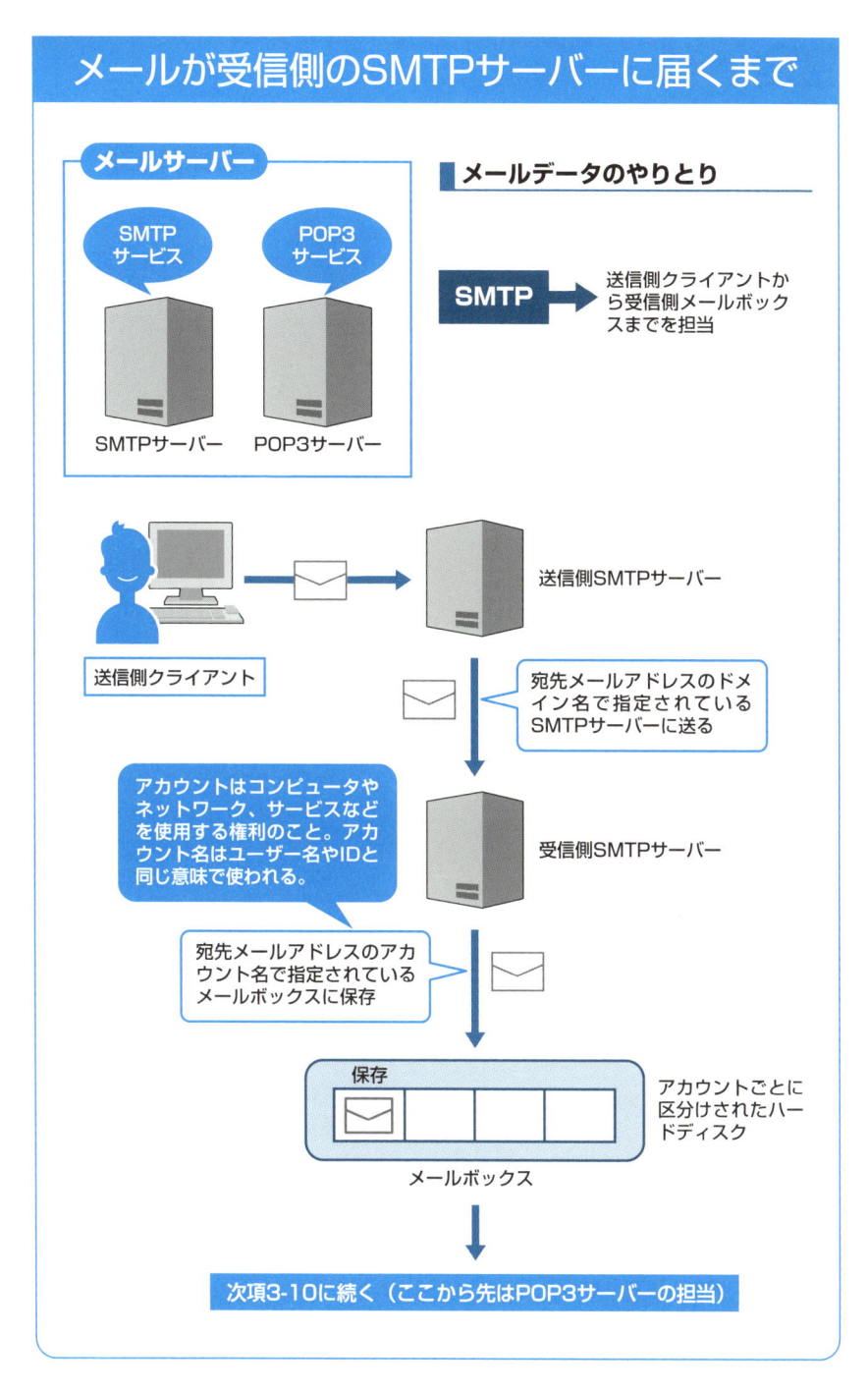

メールサーバー

- SMTPサービス / SMTPサーバー
- POP3サービス / POP3サーバー

メールデータのやりとり

SMTP　送信側クライアントから受信側メールボックスまでを担当

送信側クライアント → 送信側SMTPサーバー

↓ 宛先メールアドレスのドメイン名で指定されているSMTPサーバーに送る

受信側SMTPサーバー

> アカウントはコンピュータやネットワーク、サービスなどを使用する権利のこと。アカウント名はユーザー名やIDと同じ意味で使われる。

↓ 宛先メールアドレスのアカウント名で指定されているメールボックスに保存

保存 メールボックス（アカウントごとに区分けされたハードディスク）

次項3-10に続く（ここから先はPOP3サーバーの担当）

chapter 3　クライアントがメールを受け取る

10 POP3サーバーの働き

メールボックスに保存されたデータをクライアントが後で受け取る

　メールデータの流れは、**送信側クライアント→送信側SMTPサーバー→受信側SMTPサーバー→メールボックス**で一旦終了します。ここまでは**SMTPサーバー**が担当します。

　この後、受信側クライアントがクライアント用メールソフトを使って、メールボックスに保存されているメールデータを取得します。この**メールボックス→受信側クライアント**というメールデータの流れを担当するのが**POP3サーバー**です。

　まず、受信側クライアントがクライアント用メールソフトで設定したPOP3サーバーにアクセスし、自分のメールボックスに保存されているメールデータを要求します。このとき、クライアントは自分のアカウント名とパスワードを送信します。メールボックスを使う権利があることを証明するわけです。クライアントからの要求を受け取ったPOP3サーバーはアカウント名とパスワードを認証し、メールボックスに保存されているメールデータをクライアントに送ります。これで、送信側クライアントが送ったメールデータが受信側クライアントに届きました。

　一旦メールボックスに保存するなどという面倒なことをしないで、直接クライアントに送ればいいのではないか、と思うかもしれません。インターネットや企業ネットワークが普及した現在ではそれでもいいのかもしれませんが、インターネットが誕生した当時は、コンピュータは必要なときだけインターネットやネットワークに接続するものでした。いつもメールデータを受け取れる状態ではなかったのです。それに、直接クライアントに送るやり方ですと、クライアント用のコンピュータの電源が入っているときしかメールデータを送れないことになってしまいます。メールボックスに保存するやり方は一見面倒なようで、実は理にかなった方法なのです。

chapter 3　さまざまなサーバーの働き

受信側クライアントがメールを受け取るまで

メールボックスとクライアント間のやりとり

POP3サービス

POP3サーバー

POP3 → 信側クライアントから受信側メールボックスまでを担当

前項3-09の続き（SMTPサーバーの担当）

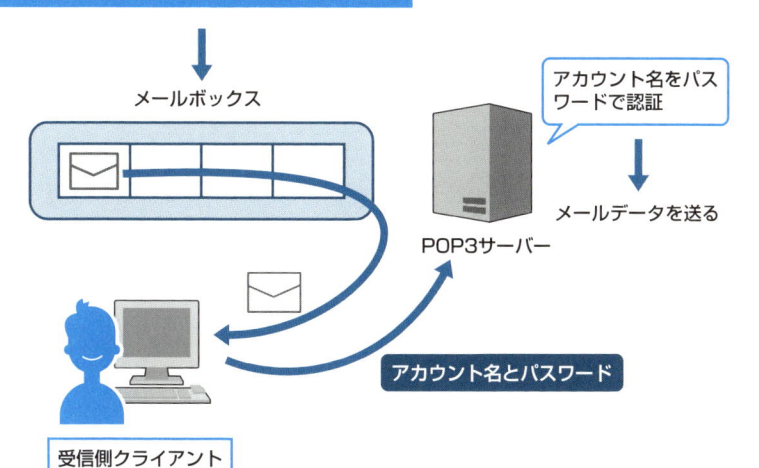

↓

メールボックス

アカウント名をパスワードで認証
↓
メールデータを送る

POP3サーバー

アカウント名とパスワード

受信側クライアント

メールデータのやりとりの流れは2つに分けられる

SMTP
① 送信側クライアント→送信側SMTPサーバー
　→受信側SMTPサーバー→メールボックス

POP3
② メールボックス→受信側クライアント

87

chapter 3　データをやりとりする

11　FTPサーバーの働き

サーバーとクライアントの間でデータを効率よくやりとりする

　FTP（File Transfer Protocol）サービスは、サーバーとクライアントの間で効率よくデータをやりとりするためのサービスです。サーバーにあるデータをクライアントに転送することを**ダウンロード**、クライアントにあるデータをサーバーに転送することを**アップロード**と呼びます。サーバー用のWindows OSには、標準でFTPサーバーソフトが用意されています。また、クライアントはブラウザソフトでFTPサービスを利用できます。ウェブページのURIを指定するのと同じように「ftp://」で始まるFTPサーバーのURIを指定すればFTPサーバーにアクセスできますので、あとはファイルやフォルダをドラッグ＆ドロップしてダウンロード、アップロードを行います。頻繁にFTPサービスを利用するなら、使い勝手のよい専用ソフトを使うのもよいでしょう。

　FTPサーバーは、ソフトなど大容量のデータをインターネットで配布するときに使われています。また、ウェブサーバーを構築する際は、ウェブページ作成者がウェブページのデータをアップロードするために、FTPサーバーもあわせて構築するのが一般的です。また、取引先企業など外部ネットワークのクライアントとデータを共有するために、FTPサーバーを構築するケースもあります。FTPには認証機能があり、アカウントごとに利用できるフォルダを分けたり、閲覧のみ可能でアップロードやファイルの削除は不可といった使用条件を設定することが可能です。

　FTPサーバーは、ポート番号20と21の2つを使用します。20はデータ本体のやりとりに使われます。21は制御用のデータのやりとりに使われます。制御用のデータはFTPサーバーにさまざまな命令を出すためのデータで、**コマンド**と呼ばれます。ファイルの転送、削除、ファイル名の変更、フォルダ作成、サーバー側に保存されているファイル一覧リスト送信など、さまざまなコマンドが用意されています。

chapter 3　さまざまなサーバーの働き

サーバー－クライアント間のデータのやりとりの仕組み

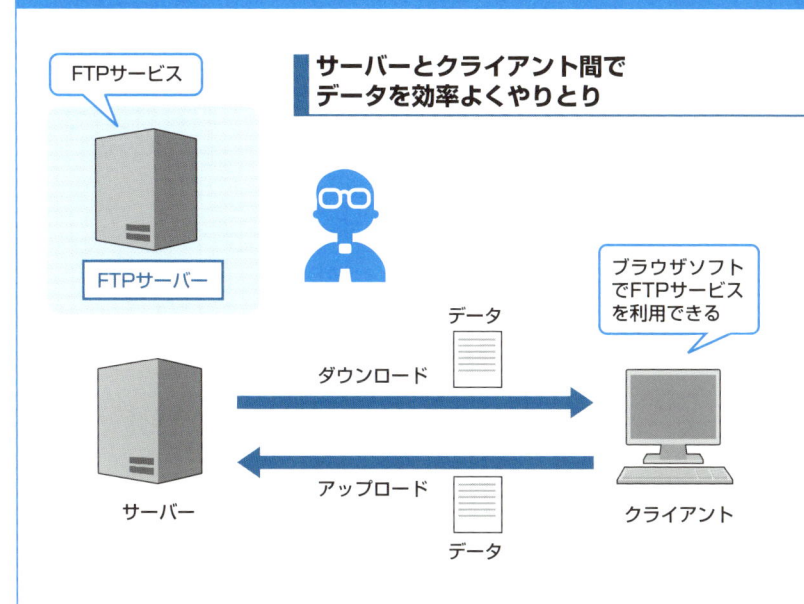

サーバーとクライアント間でデータを効率よくやりとり

FTPサービス

FTPサーバー

ブラウザソフトでFTPサービスを利用できる

データ
ダウンロード
サーバー
アップロード
データ
クライアント

・ソフトウェアをインターネットで配布
・ウェブページのデータをウェブサーバーにアップロード
・外部ネットワークとのデータ共有

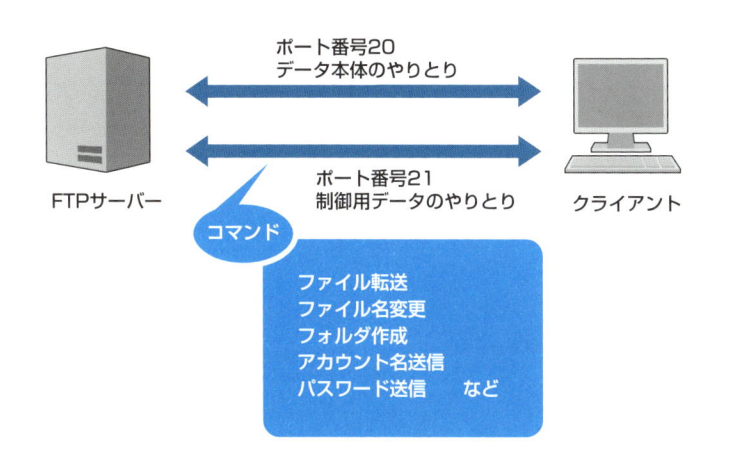

FTPサーバー

ポート番号20
データ本体のやりとり

ポート番号21
制御用データのやりとり

クライアント

コマンド

ファイル転送
ファイル名変更
フォルダ作成
アカウント名送信
パスワード送信　　など

89

COLUMN

動画配信とYouTube

ここ数年、動画共有サイト「YouTube」が人気を集めています。YouTubeは、誰でも自分で撮った動画を手軽に投稿でき、世界中の人が見てコメントを書いてくれる、動画の新しい楽しみ方を提案したサービスです。

もちろん、このYouTubeのような動画サイトでもサーバーが使われています。例えば、ユーザーが動画をYouTubeに投稿すると、その動画はYouTubeのサーバーに保管されます。ほかのユーザーはキーワードなどで検索して、目的の動画を見つけたら、その動画を再生して楽しむことができます。これは、本章でも解説したFTPサーバーにファイルをアップロードしたり、アップロードされているファイルの中から目的のファイルを探してダウンロードしたりするのとよく似ています。YouTubeが優れているのは、動画を比較的小さいサイズにできるだけでなく、ほとんどのPCで再生できるファイル形式を採用して、気軽に投稿したり再生できるようにしたことでしょう。

現在では、数多くの動画投稿サイトや動画配信サイトが登場していますが、夜間などユーザーの多い時間帯には、動画が再生できなくなったり、途中で止まってしまうサイトも珍しくありません。これは、ユーザーからのリクエストがサーバーの処理機能をオーバーするほど混雑しているのが理由です。動画サイトには、それだけ高性能のサーバーが必要だということがわかります。また、インターネットの回線が混雑していて動画が再生しにくくなるケースもあります。快適に動画を見られるようにするクライアント用のアプリケーションも登場していますが、今後の技術のさらなる進歩に期待したいものです。

4 chapter

社内用Windowsサーバーを構築する

サーバーの仕組みや働きについて理解したところで、本章ではファイルやプリンタの共有など社内用のサーバーを構築するのに必要な環境や方法などを解説します。

chapter 4　基本となるハードウェアとソフトウェア

1 サーバーとして使用するコンピュータとOSを用意する

サーバーに適したコンピュータとOSを選ぶ

　まず、社内サーバーとして使用するコンピュータとサーバー用のソフトウェアを用意します。

　社内サーバー用のソフトウェアとしては、最近はUNIX系OSのほかに**Windows Server 2008**が広く使われてるようになってきていますので、本書では、そのWindows Server 2008を使用することにします。

　Windows Server 2008を動かすためには、CPUの種類や速度、ハードディスクドライブの空き容量などの「システム要件」を満たしたコンピュータを用意する必要があります。

　システム要件には、サーバー用のソフトウェアが最低限動く「最小システム要件」と、サーバーメーカーが推奨している「推奨システム要件」の2つが決められています。社内サーバーではさまざまなプログラムを動かすことになりますし、複数の人が同時にアクセスしますから、できれば余裕のあるコンピュータを用意したいところです。推奨システム要件を満たすコンピュータを選択するといいでしょう。

　コンピュータには、一般向けに設計されたものと、サーバー用に設計されたコンピュータがあります。サーバー用のコンピュータの方が安定性が高いのが特徴ですが、価格も高くなります。もちろんサーバー用ソフトウェアは一般向けとサーバー用のどちらでも動きます。

　ただし、Windows Server 2008には、32ビット版と64ビット版の2種類があるので注意が必要です。両者の違いは、取り扱えるメモリの大きさです。32ビット版は4GBまで、64ビット版では32GBまで扱えます。メモリが大きいほどスピードが速くなるなど快適に使用できます。サーバー用のコンピュータとして、4GB超のメモリを搭載できるPCを用意できるのなら、64ビット版のWindows Server 2008を選択しましょう。

CHAPTER 4　社内用Windowsサーバーを構築する

サーバー用OSの要件を満たすハードウェア

Windows Server 2008のシステム要件

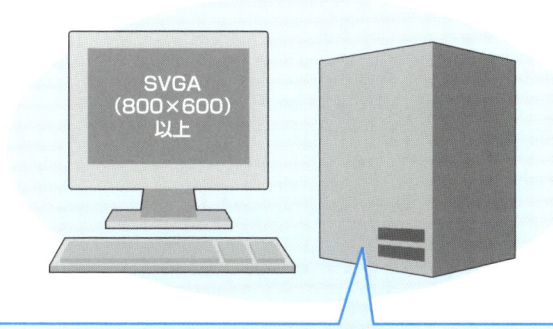

	最小システム要件	推奨システム要件
CPU	1GHzあるいは1.4GHz（x64プロセッサ）以上のIntel Xeon/Pentium/Celeronファミリ、AMD Athlon/Opteronファミリまたは互換性のあるCPU 2GHz以上	2GHz以上
メモリ	512MB以上	2GB以上
ハードディスクの空き容量	10GB以上	40GB以上（完全インストールの場合）または10GB以上（サーバーコアインストールの場合）

ディスプレイ：SVGA（800×600）以上

できれば推奨システム要件を満たすようにする

Windows Server 2008は2種類ある

32ビット版……メモリが4GBまで扱える

64ビット版……メモリが32GBまで扱える

93

chapter 4　ユーザーやコンピュータを管理する

2 ドメインとワークグループ

ネットワークの管理方法によってどちらかを選ぶ

　クライアント／サーバー環境では、複数のクライアントからサーバーに保存したファイルを利用したり、プリンタにアクセスしたりします。そのためまず最初に、ネットワークに名前を付けたり、システムを利用できるユーザーの権限などの設定が必要となります。

　Windows Server 2008では、そのコンピュータが所属するネットワークの名前として、**ドメイン**と**ワークグループ**の2つの種類があります。

　Windows Server 2008の**Active Directory**は、クライアントのPCやユーザーのIDをわかりやすく一元管理することができるWindows Server 2008の中心的な機能の1つです。このActive Directoryで使用するのが「ドメイン」です。Active Directoryに登録されたクライアントPCやユーザー情報をグループごとにまとめて管理します。このグループのことを「ドメイン」と呼んでいます。ユーザーやクライアントPCの数が多いときは、ドメインを使用した方が効率よく管理することができます。

　ドメインは、ユーザー単位でコンピュータやユーザーを管理します。ドメインに登録されたユーザーは、ドメイン内であれば、どのクライアントPCを使っても同じ環境で作業ができるようになります。

　一方の「ワークグループ」は、コンピュータ単位でコンピュータやユーザーを管理する方式で、Active Directoryを使用しない場合に設定が必要となります。

　なお、ワークグループやドメインに参加させるユーザーのPCには、「コンピュータ名」を付けます。コンピュータ名に漢字やカタカナを使うことも可能ですが、できる限りアルファベットと数字のみで設定しましょう。使用するアプリケーションによっては、日本語が使用できないことがあるので、注意しましょう。

chapter 4　社内用Windowsサーバーを構築する

ドメインかワークグループを設定する

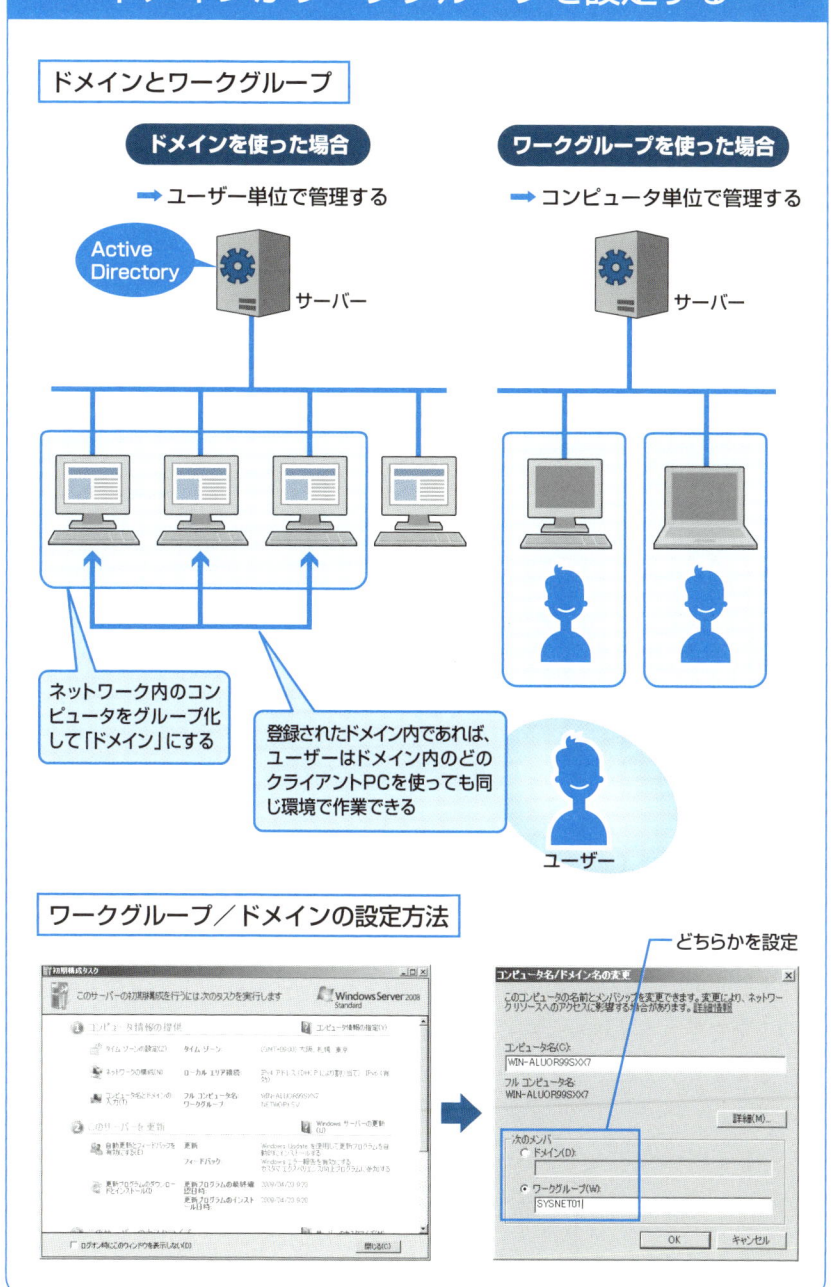

ドメインとワークグループ

ドメインを使った場合
➡ ユーザー単位で管理する

Active Directory

サーバー

- ネットワーク内のコンピュータをグループ化して「ドメイン」にする
- 登録されたドメイン内であれば、ユーザーはドメイン内のどのクライアントPCを使っても同じ環境で作業できる

ユーザー

ワークグループを使った場合
➡ コンピュータ単位で管理する

サーバー

ワークグループ／ドメインの設定方法

どちらかを設定

95

chapter 4　サーバーの設定と管理を行う

3 サーバーマネージャとは

ウィザード方式で使いやすいサーバー管理機能

　サーバーマネージャは、Windows Server 2008で「管理者（Administrators）」が最もよく使う機能の1つです。サーバーマネージャは、管理者がサーバーにログオンすると、自動的に起動します。そして、さまざまな管理機能を提供しています（詳しい使い方は186ページ参照）。

　サーバーマネージャには、「役割」「機能」「診断」「構成」などの項目があり、コンピュータ名やネットワークの状態などのコンピュータ情報や、セキュリティの状態などを確認できます。

　サーバーマネージャで役割を追加する（［役割］をクリックして［役割の追加］を選択）ことで、ファイルサーバーやプリントサーバーといったサーバー機能を選んでインストールすることができます。機能を追加する方法はウィザード方式になっていて、複雑な設定等は最小限に抑えられています。

　サーバー機能を追加する、動作を確認したいなど、サーバーの操作をしたいときには、サーバーマネージャをチェックしてみましょう。この章でも、サーバーマネージャを使って、いろいろなサーバー機能を追加していきます。

　サーバーマネージャと同様に、サーバーの初期設定をまとめたコンソール機能が「**初期構成タスク**」です。「初期構成タスク」は、サーバーにログオンすると自動的に起動します。この画面には、ネットワークの構成や自動更新の設定など、サーバーに必要なさまざまな初期設定項目が並んでいます。項目をクリックすると、設定用の画面が開くので、必要な設定を行ってください。

　なお、初期構成タスクのウィンドウ下部にある「ログオン時にこのウィンドウを表示しない」にチェックを付けると、ログオン時に初期構成タスクが起動しなくなります。運用を開始したばかりで、初期設定を何度も見直す時期が過ぎたら、初期構成タスクが開かない設定にした方が使い勝手がいいでしょう。

chapter 4 社内用Windowsサーバーを構築する

サーバーマネージャを使う

サーバーマネージャ

「役割」「機能」「診断」「構成」をクリックして情報を切り替える

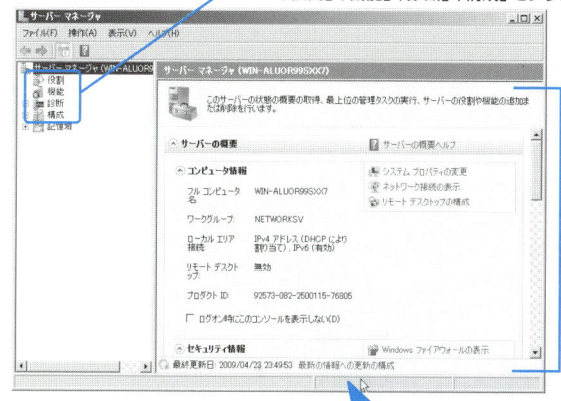

サーバーを設定するときに必要な情報がまとめられている

サーバーに機能を追加したり、サーバーの動作を確認したいときはここで行う

初期構成タスク

サーバーにログオンすると自動的に起動する

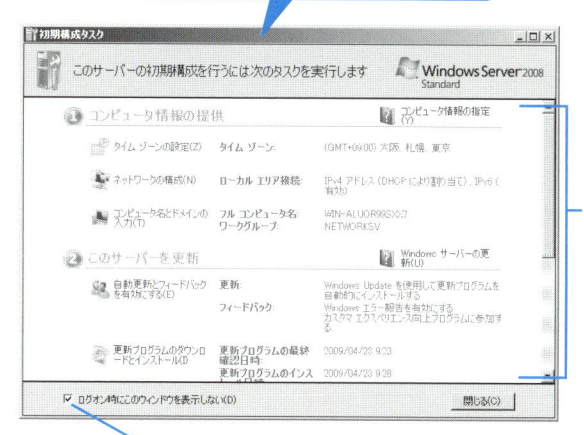

初期構成に必要な項目がまとめられているので、ここで設定する

ここをチェックすると次回からは初期構成タスクは起動しない

chapter 4　便利で簡単な情報管理システム

4　Active Directoryで
クライアントを管理する

すべての情報を一括管理できるから管理コストがかからない

　92ページで解説した通り、Windows Server 2008のネットワークで使用する情報を一括管理するシステムが**Active Directory**です。

　ネットワークを設定するときには、1つのドメインに所属するコンピュータすべてに、同じドメイン名を入力しなくてはなりません。もし、Active Directoryがなかったとしたら、すべてのコンピュータにドメイン名を設定し、ユーザーIDやパスワードを登録することになります。これはかなり面倒な作業です。

　Active Directoryを使えば、サーバーやクライアントのPC、プリンタなどのハードウェア、ユーザーのID、アクセス権限など、ネットワークを利用する際に必要となるさまざまな情報を、サーバーで一括管理することができます。例えば、アカウント管理機能でユーザーのアカウントを登録すると、そのネットワーク内のすべてのコンピュータでそのアカウントを使用できるようになります。このように、ハードウェアやユーザーが多くても管理の手間を最小限にとどめることができるのが、Active Directoryを使う大きなメリットの1つです。

　Active Directoryは、Windows Server 2008の「サーバーマネージャ」から設定します。設定の前には、Active Directoryをどういう環境で使用するかをきちんと決めておくことをおすすめします。なぜなら、ネットワークの構成を後から変更するのは面倒なだけでなく、トラブルの元にもなるからです。

　ネットワークの構成が決まっていれば、サーバーマネージャのウィザード機能を使って容易にActive Directoryを設定することができます。

　なお、ユーザーアカウントなど、ドメイン内のすべての情報を集中管理するサーバーを「**ドメインコントローラ（DC）**」と呼びます。1つのActive Directoryに、1台以上のドメインコントローラが必要になります。

Active Directoryの仕組み

Active Directoryでのログオン手順

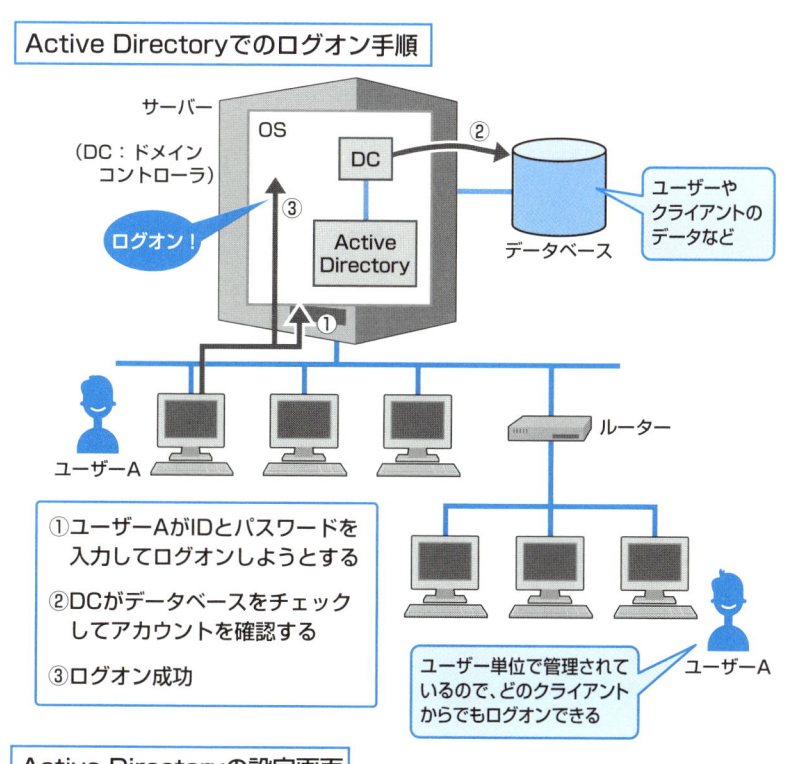

サーバー
（DC：ドメインコントローラ）

OS
DC
Active Directory

データベース
ユーザーやクライアントのデータなど

ログオン！

ユーザーA

ルーター

ユーザーA

① ユーザーAがIDとパスワードを入力してログオンしようとする
② DCがデータベースをチェックしてアカウントを確認する
③ ログオン成功

ユーザー単位で管理されているので、どのクライアントからでもログオンできる

Active Directoryの設定画面

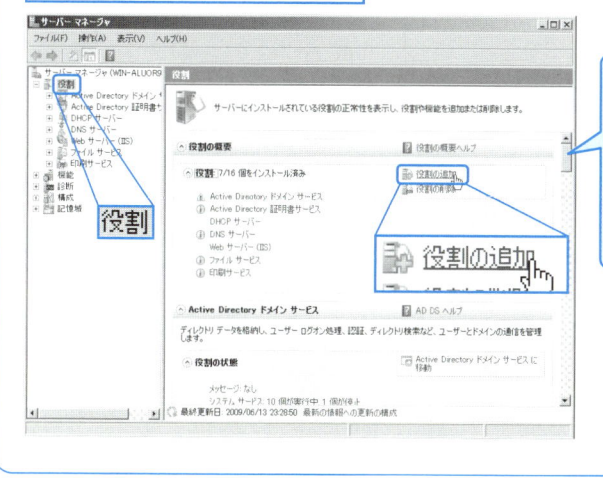

Active Directoryの設定はサーバーマネージャ（前項参照）で［役割］をクリックして［役割の追加］を選択して表示される「役割の追加ウィザード」に従って設定する

chapter 4 ユーザーとクライアントPCの登録

5 クライアントPCを ネットワークに参加させる

ユーザーとクライアントPCをActive Directoryに登録

　サーバーにActive Directoryを設定したら、ユーザーやクライアントPCなどの情報を登録して、クライアントからサーバーを利用できるようにします。

　まず最初に、**ドメインにユーザーを登録**します。ユーザーの登録は、Windowsの［スタート］ボタンから［管理ツール］-「Active Directory ユーザーとコンピュータ」を選択すると表示される「Active Directoryユーザーとコンピュータ」画面で行います。＜ドメイン名＞の［Users］を右クリックし、［新規作成］-［ユーザー］を選択して設定します。あらかじめユーザー名やパスワードを決めておくと、作業がスムーズに進みます。

　ここで登録したユーザーは、ドメイン内で使用できるようになります。しかし、ユーザーをドメインに登録しただけでは、まだネットワークを利用することはできません。ユーザーが使用するコンピュータを登録する必要があるからです。そこで次に**ドメインにコンピュータを登録**して、ユーザーがどのコンピュータからドメインを使用するかを指定します。コンピュータの登録も、「Active Directoryユーザーとコンピュータ」画面で行います。＜ドメイン名＞の［Users］を右クリックし、［新規作成］-［コンピュータ］を選択して設定します。

　最後に、クライアントPCの［システムのプロパティ］の［コンピュータ名］タブで［ネットワークPC］を選択すると表示されるウィザードでドメイン名を入力し、登録したコンピュータをドメインに参加させると、ユーザーがクライアントPCを利用してネットワークにアクセスできるようになります。

　なお、コンピュータをドメインに登録したり参加させたりするには、「ドメインの管理者」の権限が必要です。誰でも参加できるようにしてしまうと、管理者の知らないうちにクライアントPCが増えたり設定が変えられたりして、ネットワークが正常に管理ができなくなってしまうからです。

CHAPTER 4　社内用Windowsサーバーを構築する

登録の手順

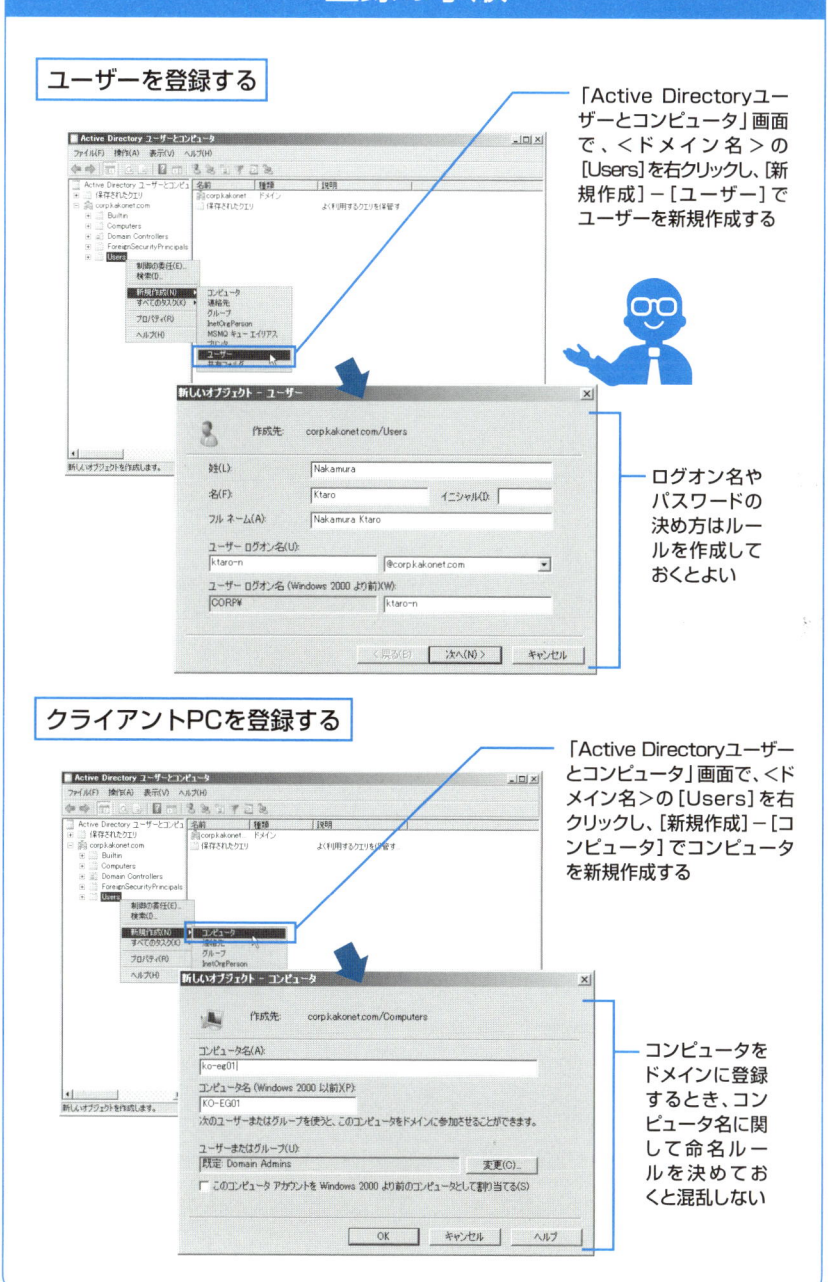

ユーザーを登録する

「Active Directoryユーザーとコンピュータ」画面で、＜ドメイン名＞の[Users]を右クリックし、[新規作成]-[ユーザー]でユーザーを新規作成する

ログオン名やパスワードの決め方はルールを作成しておくとよい

クライアントPCを登録する

「Active Directoryユーザーとコンピュータ」画面で、＜ドメイン名＞の[Users]を右クリックし、[新規作成]-[コンピュータ]でコンピュータを新規作成する

コンピュータをドメインに登録するとき、コンピュータ名に関して命名ルールを決めておくと混乱しない

101

chapter 4　クライアントにIPアドレスを割り当てる

6 DNSサーバーとDHCPサーバーを稼働させる

Active Directoryの使用に必要なサーバーたち

　Active Directoryを使用するには、サーバーの設定を行う必要があります。

　1つ目はDNSサーバーです。Active Directoryで登録した情報は、**DNS**と呼ばれるデータベースに保管されています。**DNSサーバー**は、Active Directoryの要求に従ってDNSに保管されているデータの中から必要なものを呼び出し、Active Directoryに渡す役割を持っています。そのためドメインコントローラ（98ページ参照）は、必ずDNSサーバーを経由してActive Directoryから情報を読み書きする仕組みになっています。つまり、DNSサーバーがなければ、Active Directoryを使うことができません。DNSサーバーは、サーバーマネージャの［役割］から［役割の追加］を選択して表示される「役割の追加ウィザード」で［DNSサーバー］を選択してインストールします。

　もう1つは**DHCP（動的ホスト構成プロトコル）サーバー**です。クライアントやプリンタなどの機器がネットワークに接続されたときに、ほかの機器に設定されているIPアドレスと重複しないように、自動的に機器にIPアドレスの割り当てを行う機能を持っています。DHCPサーバーがあれば、面倒なIPアドレスの管理をする必要がなくなるというわけです。

　DHCPサーバーを設定するときにも、サーバーマネージャを使用します。サーバーマネージャの「役割の追加ウィザード」で、簡単にDHCPサーバーを設定することができます。

　なお、IPアドレスには、いつでも同じIPアドレスを割り当てる**静的IPアドレス**と、ネットワークに接続するたびにIPアドレスが変わる**動的IPアドレス**の2種類があります。一般に、常にネットワークに接続されて稼働しているサーバーには静的IPアドレスを使用します。一方、クライアントPCなど、必要なときだけネットワークに接続するものには動的IPアドレスを使用することが多いようです。DHCPサーバーが割り当てるのも、動的IPアドレスです。

DNSサーバーとDHCPサーバーの仕組み

クライアントにIPアドレスが割り当てられる手順

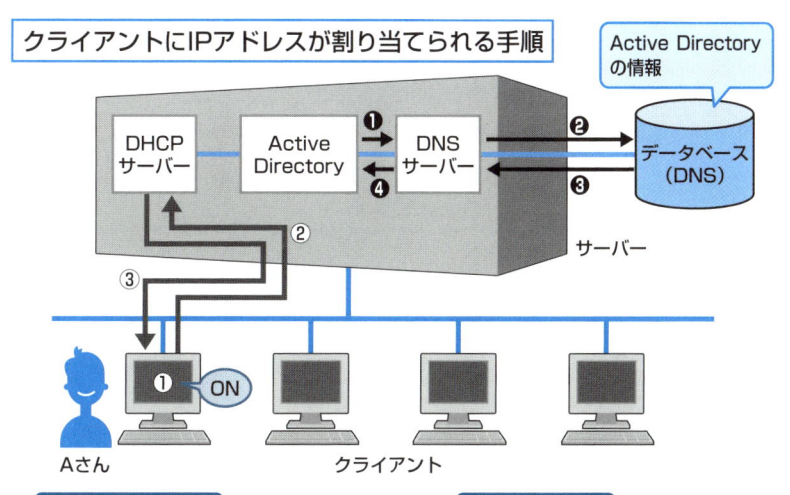

DHCPサーバー
①クライアントの電源がONになる
②DHCPサーバーにIPアドレスを要求する
③DHCPサーバーからIPアドレスが割り当てられる（DHCPサーバーはどのクライアントがどのIPアドレスかを把握している）

DNSサーバー
❶Aさんのデータが欲しい
❷Aさんのデータを要求
❸❹Aさんのデータを渡す

DHCPサーバーの設定

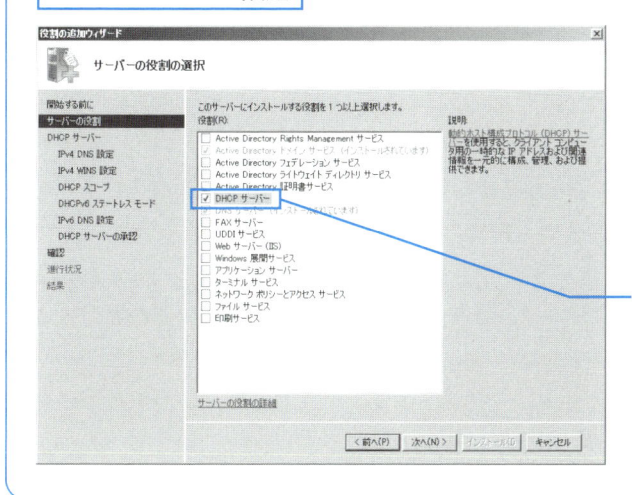

DHCPサーバーはサーバーマネージャの［役割］から［役割の追加］を選択して表示される「役割の追加ウィザード」で設定する

chapter 4 ネットワークでファイルの利用を効率的にする
7 ファイルサーバーを設定してファイル共有

権限や利用できるユーザーの設定が重要

　社内ネットワーク構築の大きな目的の1つが、複数のユーザーで同じファイルやフォルダを共有し、ファイルのやりとりを簡単にできるようにするための**ファイルサーバー**の導入ではないでしょうか。

　ファイルサーバーは、ネットワーク上のほかのコンピュータとハードディスクドライブなどを共有して、ファイルのやりとりをスムーズに行うための機能で、ファイルをサーバーに集約することによって、データの管理がしやすくなるというメリットがあります。例えば、業務に必要なファイルがサーバーにあれば、担当者が急に休んだときでもすぐに見つけることができますし、情報の共有にもつながります。

　ファイルサーバーを構築するには、ファイルサーバー用のコンピュータを用意してOSのファイル共有機能を利用する方法がありますが、Windows Server 2008にもファイルサーバー機能があります。サーバーマネージャの［役割］から［役割の追加］を選択し、「役割の追加ウィザード」でファイルサーバーを設定することが可能です。Windows Server 2008を使えば、Windowsクライアント以外のOSを使ったクライアントも、容易にファイルサーバー機能を利用できる環境を整えられます。

　ファイルサービスを追加したら、次にファイルを共有できるユーザーを設定します。このとき、権限も同時に指定することが可能です。例えば、Aさんは閲覧のみ、Bさんは投稿も可能といった具合です。Active Directoryを使用している場合には、ドメインごとに共有フォルダを設定することが可能になり、管理の手間が少なくなります。

　なお、ファイルサーバーはユーザーからのアクセス頻度が高いので、信頼性の高いハードディスクを用意しましょう。また、ハードディスクの容量が不足しないよう余裕を持たせておくと安心です。

ファイルサーバーの設定

ファイル共有とは

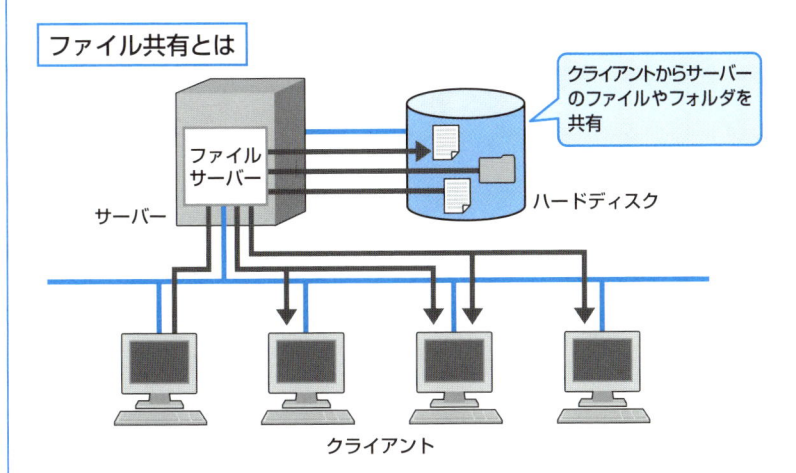

クライアントからサーバーのファイルやフォルダを共有

サーバー　ファイルサーバー　ハードディスク

クライアント

ファイルサーバーの追加手順

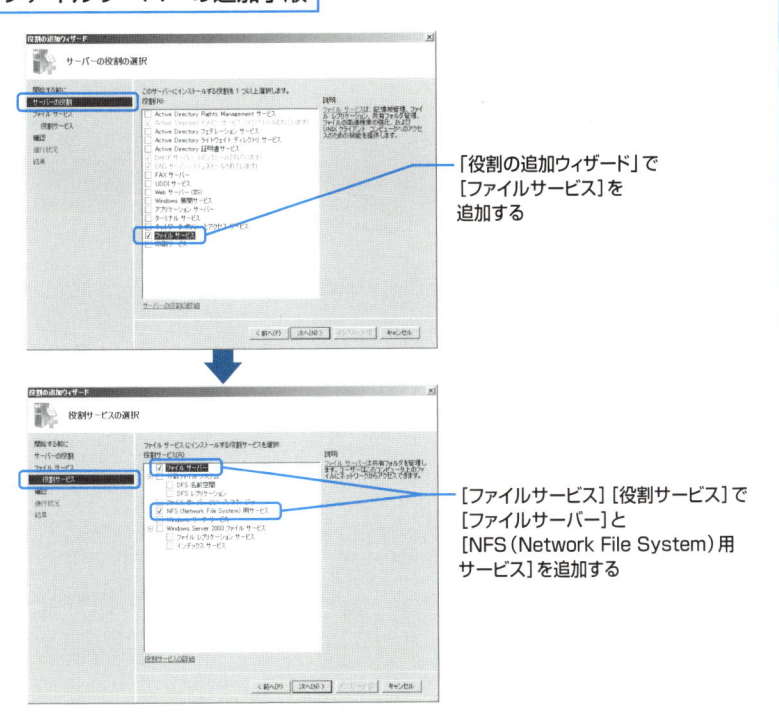

「役割の追加ウィザード」で[ファイルサービス]を追加する

[ファイルサービス][役割サービス]で[ファイルサーバー]と[NFS（Network File System）用サービス]を追加する

chapter 4 ネットワークでプリンタを効率的に使う
8 プリントサーバーを設定してプリンタ共有

専用のサーバー用コンピュータを用意して、安定運用をめざす

　プリントサーバーも、ニーズの高い社内サーバー機能の1つです。各自のPCにプリンタを接続して、各ユーザーが利用することも可能ですが、プリンタはいつも使うものではありませんし、紙やインクの補充などのメンテナンスも手間がかかります。プリントサーバーを用意して共有のプリンタを接続すればコストも下がりますし、運用管理もしやすくなります。

　プリントサーバーはいろいろな方法で構築できますが、Windows Server 2008にもプリントサーバーの機能があります。設定にはほかのサーバー機能と同様に、サーバーマネージャを使います。「役割の追加ウィザード」で［印刷サービス］を追加し、［プリントサーバー］と［LPDサーバー］を選択します。ここで、LPDサーバーをオンにしておくと、Windowsクライアント以外のクライアントPCからでもプリントサーバーを利用できるようになりますから、複数のクライアントOSを使っている環境でも安心です。

　次に、サーバー側のコンピュータで、コントロールパネルの［プリンタ］の［共有］で［このプリンタを共有する］をオンにし、利用者のアクセス権限を設定します。さらに、クライアントPCには、プリンタのドライバをインストールします。

　これで、クライアントからサーバーのプリンタを利用できるようになりますが、実際の運用では、プリントサーバーには専用のサーバー用コンピュータを用意した方がいいでしょう。というのも、何らかのトラブルが起きてサーバーが止まってしまう可能性はゼロではありません。ほかのサーバーとプリントサーバーを併用していると、トラブル時にプリントもできなくなってしまいます。プリンタは利用頻度の高い機器です。できるだけほかのトラブルに巻き込まれないように、独立したサーバーを用意したほうが安心というわけです。

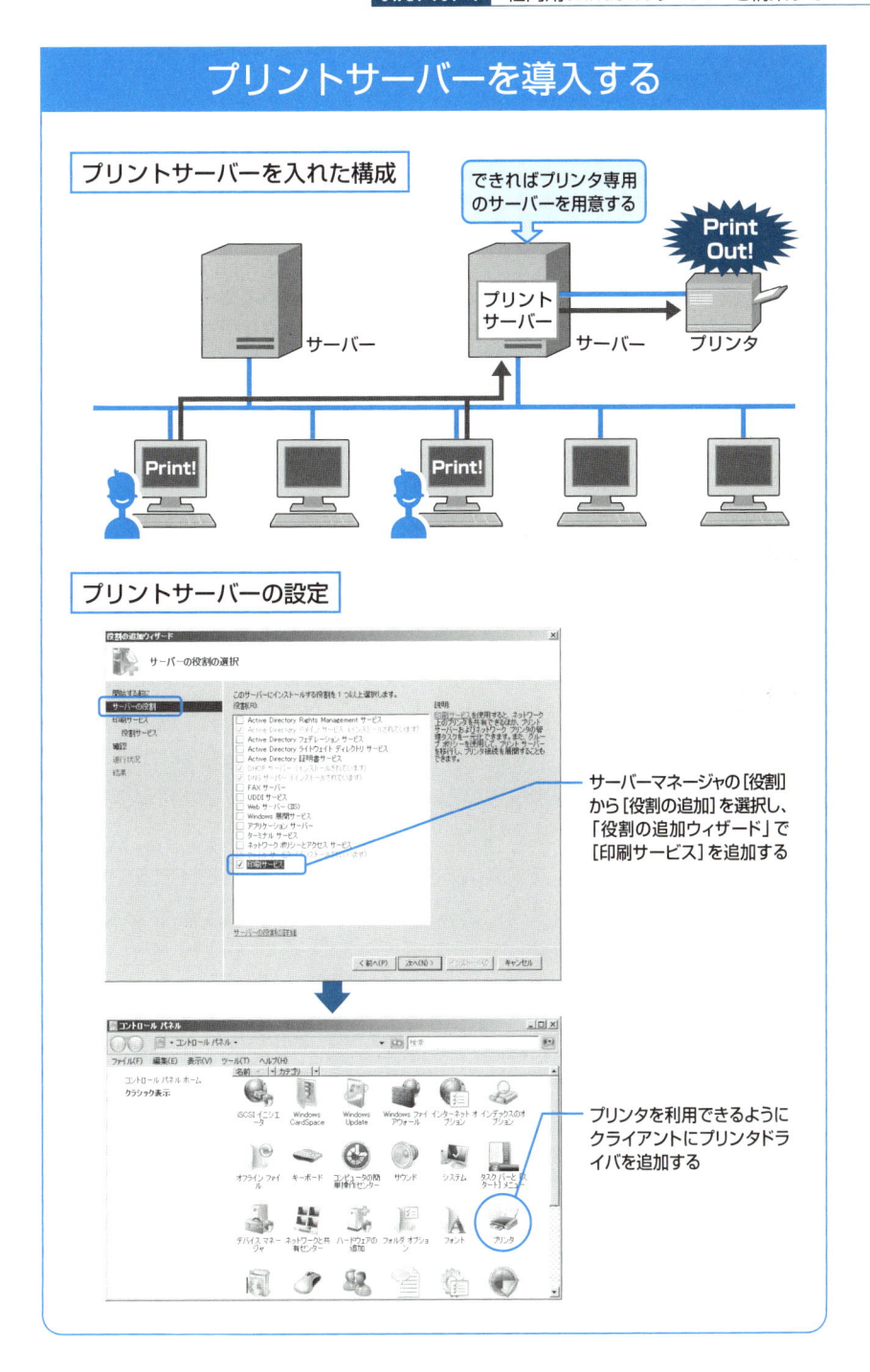

chapter 4 社内用Windowsサーバーを構築する

プリントサーバーを導入する

プリントサーバーを入れた構成

できればプリンタ専用のサーバーを用意する

サーバー　　プリントサーバー　　サーバー　　プリンタ　　Print Out!

Print!　　Print!

プリントサーバーの設定

サーバーマネージャの[役割]から[役割の追加]を選択し、「役割の追加ウィザード」で[印刷サービス]を追加する

プリンタを利用できるようにクライアントにプリンタドライバを追加する

chapter 4 ネットワークアダプタ、ルーター、ファイアウォール

9 インターネット接続に必要なハードウェア

ネットワークアダプタとセキュリティ対策のルーターは必須

　社内サーバーを社内のネットワークとインターネットの両方に接続するためには、**ネットワークアダプタ**が必要です。社内ネットワーク用と、インターネット用で別々のネットワークアダプタを使いますので、2枚用意することになります。

　インターネットには、悪意のある攻撃をするコンピュータが数え切れないほど存在しています。隙があれば、社内のネットワークに侵入して、情報を盗みだそうとしたり、社内のコンピュータを踏み台にして不正行為をしようとしたり、中にはサーバーを破壊しようとする人もいます。

　そこで社内サーバーをインターネットに接続する場合には、外部からの攻撃を防ぐためのセキュリティ対策が必須になります。

　外部から社内ネットワークに侵入しようとする許可のないアクセスを防ぐためには、「**ルーター**」を用意します。ルーターは、元々はネットワーク上でやりとりされるデータの交通整理を行って、データが正しい行き先に届くようにするための機器です。逆に言えば、許可されていない宛先へのデータを拒絶するのがルーターの働きということになります。

　社内ネットワークの規模が大きい場合には、外部からの侵入を防ぐ「**ファイアウォール**」用のサーバーを用意する必要があるかもしれません。ファイアウォールは、内部からのデータを社外のネットワークに送ることはできても、外部から社内のネットワークへ許可なく接続しようとすると、接続を遮断するといった働きをします。つまり、2つのネットワーク間を安全につなぐ仕組みの1つと言えるでしょう。

　また、ウェブサーバー、メールサーバーなどの機能は、Windows Server 2008をインストールした1台のサーバーで運用することもできますが、それぞれ専用のものを用意したほうが、障害のリスクを分散することができます。

インターネットに接続する仕組み

ネットワーク構成図

- サーバー
- ネットワークアダプタはインターネット用と社内LAN用の2枚が必要
- ネットワークアダプタ
- インターネットと社内LANはルーターで分離
- ルーター
- インターネット
- 社内LAN
- クライアント

ファイアウォールの設置

- サーバーA
- サーバーB
- ファイアウォール
- ルーター
- インターネット
- 複数のサーバーがある場合や、社内LANの規模が大きい場合は専用のファイアウォールを設置する
- クライアント

chapter 4　DNSを設定してインターネットへ接続する

10 インターネット用のDNSサーバーを構築する

サーバーとクライアントでDNSサーバーを追加する

　社内サーバーでは、102ページで説明したように、Active Directoryが使用する**DNSサーバー**を運用しています。

　そして、社内用のDNSサーバとは別にインターネットを利用するときにも、データの送り先のIPアドレスとサーバー名を調べるためのDNSサーバーが必要になります。インターネット用のDNSサーバーは、ドメイン名をIPアドレスに変換してデータの宛先を教えてくれる機能を提供します。社内用のDNSサーバーとインターネット用のDNSサーバーでは、カバーするドメインの範囲が異なります。このため、インターネットを利用するには、インターネット用のDNSサーバーが必要になるというわけです。

　インターネット用のDNSサーバーも、Windows Server 2008で設定することができます。サーバーマネージャの［役割］から［役割の追加］を選択して表示される「役割の追加ウィザード」で［DNSサーバー］を選択し、ウィザードに従ってDNSサーバーのインストールを行います。インストール後、DNSサーバーが追加されているはずなので、サーバーマネージャの「役割」で確認してください。

　次に、クライアントPCの設定をします。サーバーに新しく設定したDNSサーバーを、クライアントPCのDNSサーバーに設定します（例えばWindows XPであれば、「インターネットプロトコル（TCP/IP）のプロパティ」画面）します。これで指定したDNSサーバーを使用して、インターネットへ接続することができるようになります。

　このとき、よりクライアントの安全性を高めるために、ルーターに付いている「NAT（Network Address Translator）」機能などを利用して、クライアントのIPアドレスが外部に漏れないようにするといいでしょう。

DNSサーバーとは

Active DirectoryとインターネットのDNSは同じ仕組み

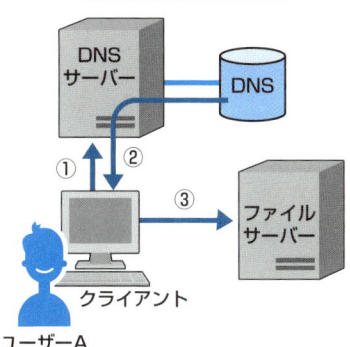

Active Directory

①ユーザーAがファイルサーバーへの接続要求をDNSサーバーに出す

②DNSサーバーはユーザーAの情報をDNSでチェック

③②で権限を確認できたらファイルサーバーに接続

インターネット

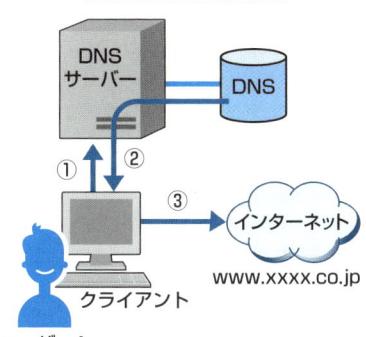

①ユーザーAがURLへの接続要求をDNSサーバーに出す

②DNSサーバーはURLに該当するIPアドレスをDNSで調べる

③IPアドレスで接続

DNSサーバーの設定

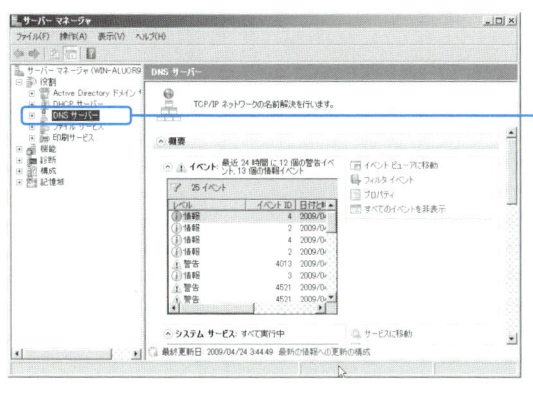

サーバーマネージャの「役割の追加ウィザード」で[DNSサーバー]が追加されたことを確認する

chapter 4　ケーブルレスネットワーク構築

11 無線LANを導入する

ワイヤレスLANサービスの追加とセキュリティ対策

　最近では、ほとんどの市販のノートパソコンに**無線LAN**が付いているようになりました。無線LANはケーブルがない分、移動が楽で、トラブルも少なく、クライアントPCのネットワーク接続に無線LANを使いたいというニーズは高いはずです。

　Windows Server 2008でも、無線LANを利用することができるようになっています。無線LANを使うには、サーバーマネージャで［機能］をクリックし、［機能の追加］を選択して表示される「機能の追加ウィザード」で［ワイヤレスLANサービス］を選択し、インストールします。これで、無線LANのサービスを利用できるようになります。

　なお、無線LANを利用するクライアント側には、無線LAN用のデバイスドライバをインストールしておくことを忘れないようにしてください。デバイスドライバが正しくインストールされていれば、ネットワークに接続することができます。

　また、もしもサーバー用コンピュータで無線LANを使用したい場合には、Windows Vista用の無線LANデバイスドライバをインストールすれば可能になります。

　無線LANを使用する際には、不正侵入や盗聴などの問題への対策が必須になります。まず、無線LANアクセスポイントの管理パスワードは忘れずに設定します。さらに、クライアントPCのMACアドレスをアクセスポイントに登録して、MACアドレスフィルタリングを利用すれば、不正に接続しようとするクライアントからネットワークをより安全に守れることになります。また、盗聴を防ぐためには、暗号化の設定も必須です。

　ケーブルで接続する場合と異なり、無線LANの電波が社外に漏れることもあります。より入念な対策をするように心がけてください。

chapter 4 社内用Windowsサーバーを構築する

無線LANを追加する

無線LANの構成

サーバー　　無線LANアクセスポイント　　無線LANアダプタ　　サーバー

クライアント

クライアント

ケーブルレスで接続できる

無線LANの設定

無線LANを利用するにはサーバーマネージャの[機能]で[ワイヤレスLANサービス]を追加する

113

chapter 4　仮想専用線でLANとLANを結ぶ

12 VPNを導入する

サーバーとクライアントに証明書が必要

　出張先のホテルから社内サーバーを利用したいなど、社外から社内のネットワークにアクセスしたいというニーズは高いものです。しかし、インターネット経由で社内ネットワークにアクセスすると、大事なデータを盗聴されたり、不正アクセスで改ざんされたりする危険性もあります。

　そこで、「**VPN（Virtual Private Network）**」と呼ばれる方法が普及してきました。VPNでは、データを**暗号化**した上で、カプセル化することで、データを安全にやりとりできる方法です。暗号化する際には、サーバーとクライアントの間で、公的な証明書を使った確認が必要となります。VPNを利用すると、インターネットを経由しているのに、まるで専用回線を使っているような利便性が得られます。もちろん、Windows Server 2008にもVPNの機能が搭載されています。Windows Server 2008のVPNでは、3つのプロトコル（PPTP、L2TP/IPSec、SSTP）が使用できます。一般的にはL2TP/IPSecがよく使われていますが、クライアントにWindows Vistaを使用しているときには新しいプロトコルであるSSTPが利用できます。

　VPNを設定するには、まず、**サーバー証明書**を登録します。「役割の追加ウィザード」の［サーバーの役割］で、［Active Directory証明書サービス］をインストールします。次に、［役割サービス］で、［証明機関］と［証明機関Web登録］を選択します。最後に、［サーバーの役割］で、［ネットワークポリシーとアクセスサービス］の［ルーティングとリモートアクセスの構成と有効化］から［リモートアクセス（ダイヤルアップまたはVPN）］を選び、ネットワークインターフェイスとVPNで使用するIPアドレスを指定します。

　クライアントPCには、VPNクライアント用のアプリケーションとVPNサーバーのサーバー証明書をインストールしてVPNを使用できるように設定にします（設定手順はアプリケーションによって異なります）。

chapter 4　社内用Windowsサーバーを構築する

VPNを使うには

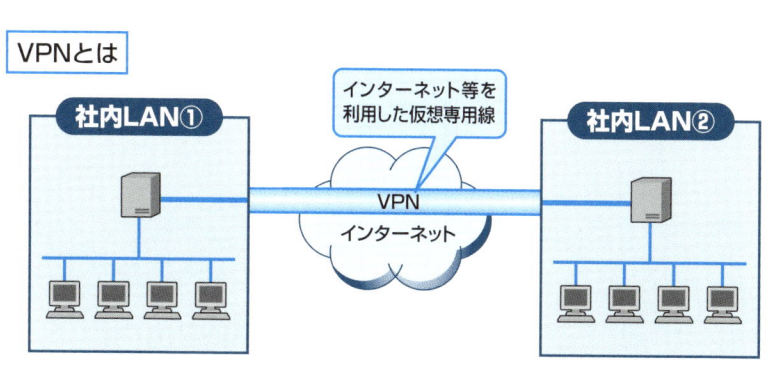

VPNとは

社内LAN① ── インターネット等を利用した仮想専用線 ── 社内LAN②

VPN
インターネット

● インターネットを経由しても安全にデータをやりとりできるメリットがある
● VPNを利用するには証明機関に登録する必要がある

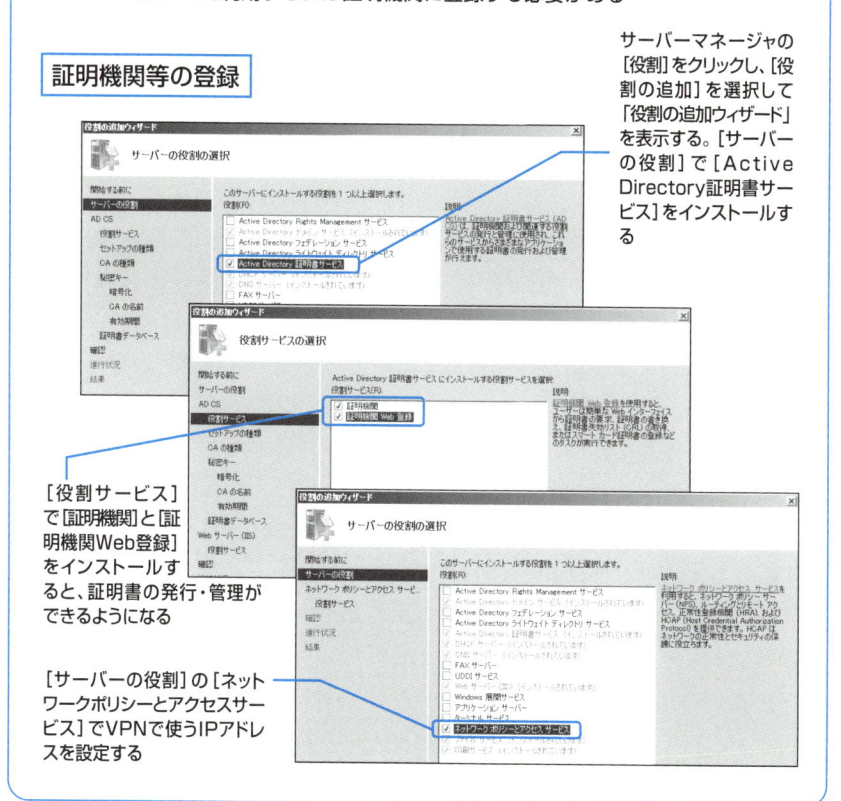

証明機関等の登録

サーバーマネージャの[役割]をクリックし、[役割の追加]を選択して「役割の追加ウィザード」を表示する。[サーバーの役割]で[Active Directory証明書サービス]をインストールする

[役割サービス]で[証明機関]と[証明機関Web登録]をインストールすると、証明書の発行・管理ができるようになる

[サーバーの役割]の[ネットワークポリシーとアクセスサービス]でVPNで使うIPアドレスを設定する

115

chapter 4 Windows Server 2008評価版を使ってみる
13 自宅で実験的にWindowsサーバーを構築する

Windows Server 2008評価版は最長240日間試せる

　社内サーバーを構築する前に、テスト的な環境を作って機能や性能を評価したいというニーズは高いものです。

　「Windows Server 2008」には**評価版**が用意されていて、マイクロソフトのサイトから無料でダウンロードし、自宅のPCにインストールして使用することができます。また、実費でWindows Server 2008評価版の入ったDVDを郵送してもらうことも可能です。

　評価版のWindows Server 2008は、インストール後60日間使用することができます（評価期間は3回まで延ばせるので、最長で240日まで延長できます）。ただし、マイクロソフトによるサポートはありませんので、何かトラブルが起きたときは、自力で解決する必要があります。

　インストールする前には、Windows Server 2008のシステム要件をチェックして、条件を満たすPCを用意しましょう。

　評価版の内容は、正式版とまったく同じですから、正式版を購入してライセンスキーを入力すれば、評価版の環境をそのまま正式版として使うことも可能です。

　現状では、Windows Server 2008の評価版を使う上で、一番障害になるのは「デバイスドライバ」かもしれません。Windows Server 2008にも主要なデバイスのドライバは内蔵されていますが、パーツによってはシステムにドライバが含まれていないだけでなく、Windows Server 2008で動くデバイスドライバがリリースされていないケースもあります。なお、WindowsVista用のドライバを利用できることもあるので、もしドライバが見つからないときには試してみる価値はあります。社内システムで使いたいデバイスがWindows Server 2008で正しく動くかどうかを確認するには、評価版は最も役立つテスト方法と言えるでしょう。

chapter 4　社内用Windowsサーバーを構築する

評価用のWindowsサーバーを試用する

Windows Server 2008を試用する

サーバー
評価用の
Windows Server 2008
プリンタ
DNS
ハードディスク
クライアント

● 正式に利用するまでの流れ

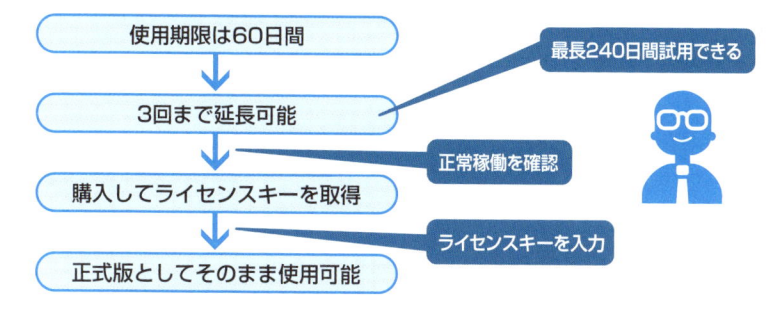

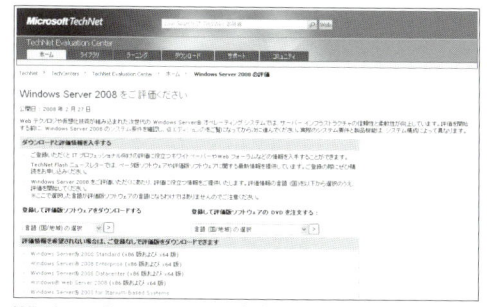

使用期限は60日間
　↓
3回まで延長可能 ── 最長240日間試用できる
　↓
購入してライセンスキーを取得 ── 正常稼働を確認
　↓
正式版としてそのまま使用可能 ── ライセンスキーを入力

Windows Server 2008評価版 申し込みページ
http://technet.microsoft.com/ja-jp/evalcenter/cc137123.aspx

COLUMN

WindowsとLinuxはどちらにする？

本章では社内サーバー用OSとして「Windows Server 2008」を使用しました。Windows Server 2008には、大量のユーザーを管理しやすい機能をはじめ、ファイルやプリンタなどの共有機能、ウェブサーバーやFTPサーバーなどインターネットサーバーとしての機能などが1つのソフトにまとまっていて、運用管理のしやすいシステムになっています。また、必要に応じて機能を拡張することも可能です。

Windows以外にもサーバー用のOSはいくつもあります。代表的なのはUNIXです。UNIXは、もともと複数のユーザーが同時に使用したり、複数のソフトを動かすことを前提に作られていて、サーバーに適していると言われています。

UNIX系のOSはたくさんありますが、その中でも現在よく使われているのが、「LinuxOS」です。Linuxは決められたルールを守れば、誰でも無料で利用したり、自由に再配布したりすることができます。

しかし、Linux単体では使いにくい部分も確かにあります。そこで、簡単にインストールできるようにしたアプリケーションなどをLinuxとセットにした「ディストリビューション」が多数存在します。ディストリビューションには無料で使用できるものと、有料のものがあります。無料のディストリビューションは、必要な情報を自分で収集しなければならなかったり、トラブル時にサポートがほとんどなかったりします。サポートが必要なときには、有料で販売されているサポート付きのディストリビューションを選ぶ方がよいでしょう。

Linuxのメリットは、サポート付きでも100ドル程度と安いことです。社内のサーバー環境を試験的に構築したり、少ないユーザーで利用する環境にはLinuxが適しているのではないでしょうか。

5 chapter

インターネットに公開するサーバーを構築する

本章ではウェブサーバー、メールサーバー、DNSサーバーというインターネットに公開する3つの代表的なサーバーを例に取り、それらを構築するために必要な環境などについて解説します。

chapter 5 ウェブサイトを構築する（1）

1 ウェブサイトを公開する環境を整える

ウェブサーバーだけでなくDNSサーバー、FTPサーバーなどが必要

ウェブサイトを公開するには、ウェブサーバーの構築をはじめ、以下のような準備が必要です。

①ドメイン名の取得
　JPRSが指定する指定事業者に申請し、ドメイン名を取得します。

②回線設備とドメイン名に対応するグローバルIPを用意
　回線業者と契約し、ウェブサーバーをインターネットに接続する回線設備を用意します。また、ドメイン名を取得した場合は、ドメイン名に対応するグローバルIPが必要となります。プロバイダと契約して割り当ててもらうのが一般的です。

③DNSサーバーの構築
　外部のユーザーがインターネットを経由してウェブサイトにアクセスするために、取得したドメイン名に対応するIPアドレスを通知するDNSサーバーが必要となります。これは、ネットワーク内のユーザーが外部のウェブサイトにアクセスするためのDNSサーバー（フルサービスリゾルバ）とは別に用意します。

④ウェブサーバーの構築
　ウェブサーバーとして使用するハードウェア、サーバー用OS、ウェブサーバーソフトを用意し、設定します。

⑤提供するウェブサービスに応じたサーバーなどを構築
　ウェブデザイナーが作成したコンテンツをウェブサーバーにアップロードする際などに使用するFTPサーバーを用意します。さらに、提供するウェブサービスに応じてCGIなどの仕組みを実現するために必要なソフトウェアやデータベースサーバーなどを導入します。

ウェブサイトを公開するための準備

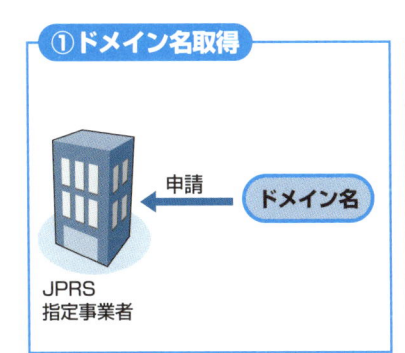

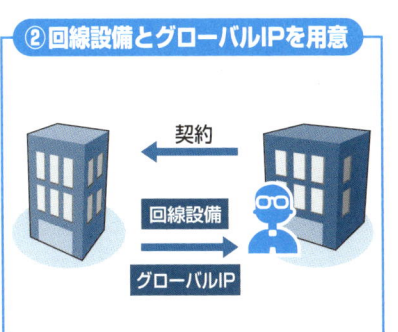

ウェブサイトを公開するにはさまざまな準備が必要

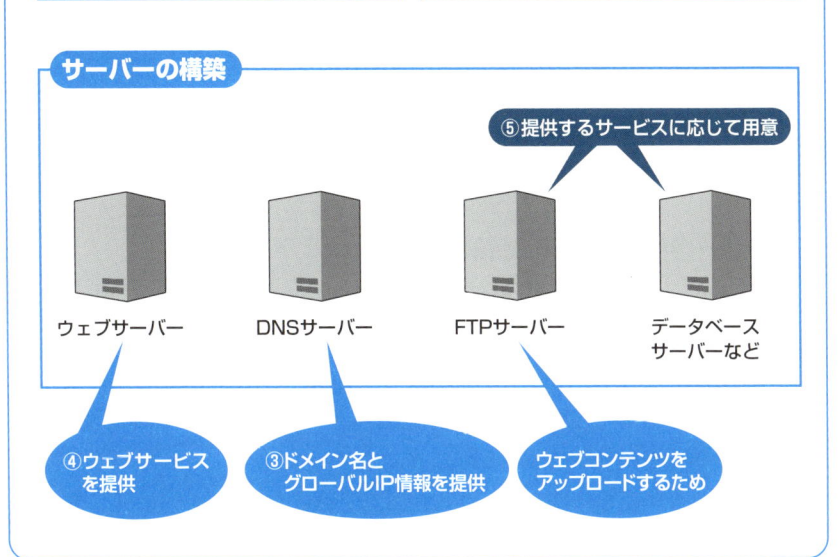

①ドメイン名取得

JPRS
指定事業者 ← 申請 ← ドメイン名

②回線設備とグローバルIPを用意

契約
回線設備
グローバルIP

サーバーの構築

⑤提供するサービスに応じて用意

- ウェブサーバー
- DNSサーバー
- FTPサーバー
- データベースサーバーなど

④ウェブサービスを提供

③ドメイン名とグローバルIP情報を提供

ウェブコンテンツをアップロードするため

chapter 5　ウェブサイトを構築する (2)

2 ウェブサーバー用のOSを選ぶ

広く使われているUNIX系OSか、管理・運用が楽なWindows Serverか

　ウェブサーバーを構築する際にまず考えなければならないのが、採用するサーバー用OSの種類です。ウェブサーバー用のOSとして広く使われているのが**UNIX系OS**です。また、最近ではWindows Server 2008などの**Windows OS**も多く採用されています。

　UNIX系OSは無償で配布されているものもあり、**初期費用が抑えられる**という利点があります。無償のソフトウェアも豊富に揃っています。インターネットサーバー用OSとして長い歴史を持っており、ウェブサーバーならUNIX系OSという意見も根強くあります。ただ、管理・運用に携わるにはUNIX系OSを扱えるスキルが必要となります。グラフィックを使用した操作画面（GUI）を使うこともできますが、基本的に文字だけの操作画面（CUI）ですので、難しい、敷居が高いというイメージを持つ人も少なくありません。また、無償のOSやソフトウェアを使用した場合、有償のソフトウェアのように電話で手厚いユーザーサポートを受けられるわけではないので、わからないことがあったら管理者が自分で調べて解決するのが基本です。

　Windowsのサーバー用OSはもちろん有償なので、初期費用がかかるという点がデメリットです。ウェブサーバーとしてのみ使用できる「Windows Web Server 2008」を使えば比較的安価に導入できますが、それでも無償のUNIX系OSとは違い、かなりのコストがかかります。しかし、Windows OSに慣れている人にとっては、やはり**GUIは扱いやすく管理・運用が楽**というメリットがあります。開発元であるマイクロソフト社のウェブサイトを見れば技術情報は手に入りますし、有償・無償のサポートも受けられ、使いこなすための参考書や技術書も多く出回っています。

　UNIX系OSとWindows OS、どちらも一長一短があります。提供したいウェブサービスの内容やコスト、管理者のスキルなどを考えて選択しましょう。

chapter 5　インターネットに公開するサーバーを構築する

ウェブサーバー用のOSは主に2系統ある

サーバー用OSを選択

ウェブサーバー

UNIX系OS
Windows Server

どっちがいいかなぁ…

コストや提供したいサービス、
スキルを考えて選ぶ

UNIX系OS

CUI

- ○ 初期費用を抑えられる
- ○ ウェブサーバーとして定評がある
- × UNIX系OSを扱えるスキルが必要
- × 手厚いサポートを受けられない

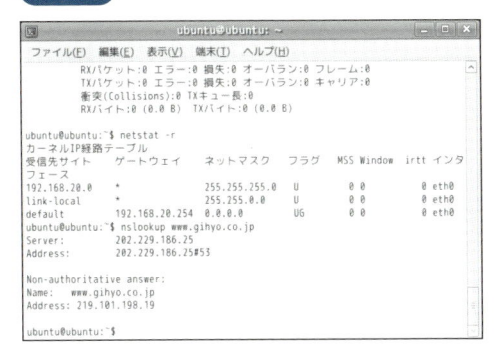

Windows Server

GUI

- ○ GUIで設定・管理が楽
- ○ サポートを受けられる
- × 初期費用がかかる

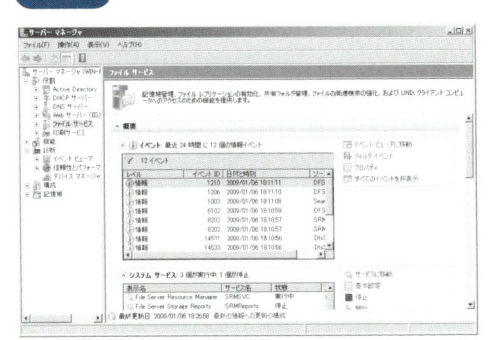

chapter 5　ウェブサイトを構築する（3）

3 ウェブサーバーソフトを選ぶ

シェアトップはApache、追随するIIS

　サーバー用OSが決まったら、次はウェブサーバーソフトの種類を決めましょう。サーバー用OSにUNIX系OSを採用するのであれば**Apache**（アパッチ）、Windows OSを採用するなら**IIS**またはApacheがよく使われています。

　Apacheは現在、最も多く使われているウェブサーバーソフトです。The Apache Software Foundationが開発を行っています。UNIX系OSとApacheの組み合わせは、ウェブサーバーとして最もポピュラーな組み合わせと言えるでしょう。Apacheのよいところは、ウェブサーバーソフトとして長い歴史を持ち広く使われているので、設定などの情報が入手しやすい点です。また、Apacheはソースコードを公開する**オープンソース**のソフトウェアであり、世界中の開発者がボランティアで開発に携わり、改良され続けています。モジュールを組み込んで機能を追加することも容易で、自由度が高いのも特徴です。しかし、設定が基本的にCUIで、慣れないと難しいと感じるかもしれません。

　IISはマイクロソフト社が開発・提供しているWindows OS用のウェブサーバーソフトです。Home Edition以外のクライアント用OSを含め、Windows OSにはIISが標準装備されています。IISのメリットは、GUIで設定しやすいことです。また、マイクロソフト社が開発したほかの製品や技術とスムーズに連携できます。ユーザーサポートが受けられるので安心という点も大きいでしょう。以前はウェブサーバーと言えばApacheが圧倒的なシェアを誇っていましたが、最近ではIISがシェアを拡大しています。

　IISとWindows OSのセキュリティ上の問題点を突いたウイルスが蔓延した事件が起きたことがあり、IISはセキュリティに弱いというイメージがあります。しかし、現在ではセキュリティは向上しており、それほど心配することはないでしょう。実際のところセキュリティの問題はApacheにも発生しており、管理を怠ればどちらも危険であることには変わりありません。

2大ウェブサーバーソフト・ApacheとIIS

ウェブサーバーソフトを選択

ウェブサーバー

UNIX系OS → Apacheなど
Windows Server → IIS、Apacheなど

Apache（アパッチ）

- ○ ウェブサーバーソフトの定番
- ○ モジュールを追加して機能を拡張できる
- × CUIの設定は慣れないと難しい

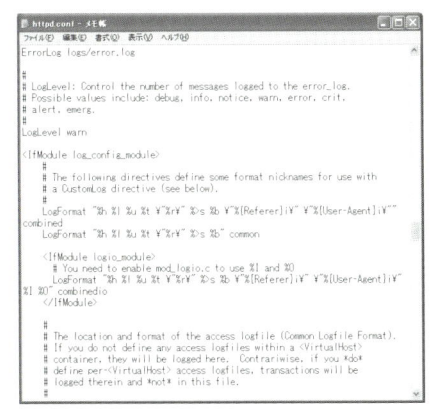

IIS

- ○ Windows Serverに標準装備
- ○ マイクロソフト社の製品、技術との連携がスムーズ
- × セキュリティ面での不安がある

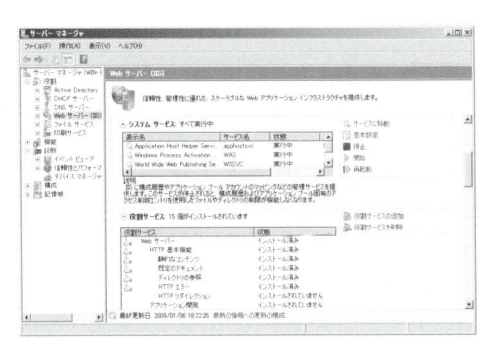

以前のバージョンに比べセキュリティは向上している

chapter 5 動くウェブサイトにする

4 ほかのプログラムやサーバーと連携させる

動的ページを生成するウェブサービスを提供することが可能に

ウェブサーバーとほかのプログラムやソフトウェア、サーバーを連携させることで、動的にページを生成するウェブサービスを提供することができます。

①Perlを採用したCGI

CGIとは、動的ページを生成する仕組みです。プログラムを記述する言語としてPerlを採用する場合、Perlというソフトをインストールし、ウェブサーバーソフトでPerlと連携するよう設定します。そして、Perlで記述したプログラムを用意します。処理速度アップとサーバーへの負担軽減を目的とした**FastCGI**という仕組みも登場しました。

②PHPを採用したCGI

PHPは、動的ページを生成することを目的に開発されたプログラム言語です。PHPのプログラムは、HTMLに埋め込む形で記述します。ウェブサーバーソフトにPHPモジュールを組み込んで動作させるのが一般的です。PHPをインストールし、ウェブサーバーソフトでPHPモジュールとして連携させるよう設定します。

③ASP.NET

マイクロソフト社が提供する、動的ページを生成するためのシステムです。IISはASP.NETに対応しています。マイクロソフト社が提供するプログラミング環境で開発できるというメリットもあります。

④データベースサーバー

データの集合である**データベース**と、データベースを管理する**DBMS**によって構成されています。DBMSには無償のMySQL、PostgreSQL、マイクロソフト社のMicrosoft SQL Serverなどがあります。ウェブサーバーと連携させるには、PHPやPerl、ASP.NETなどを用います。

CGI、PHP、ASP.NET、データベースサーバー

プログラム

ウェブサーバー ─ 連携 ─ サーバー

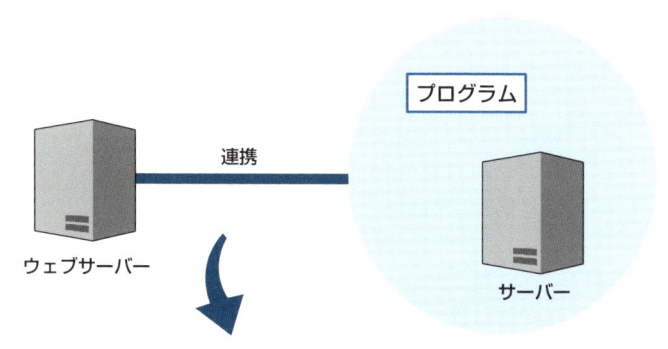

動的にページを生成するウェブサービス
（ウェブアプリケーションサービス）

①CGI　②PHP

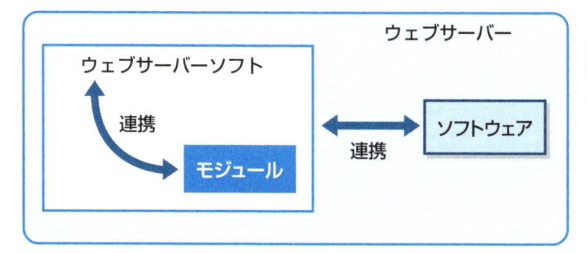

ウェブサーバー

ウェブサーバーソフト ← 連携 → モジュール ← 連携 → ソフトウェア

モジュールやプログラムを実行するソフトウェアと連携

③ASP.NET

マイクロソフト社提供

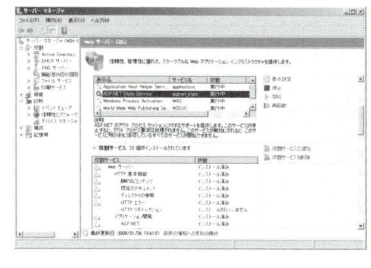

IISと連携

④データベースサーバー

ウェブサーバー ←→ データベースサーバー

PHP、ASP.NETなどを用いて連携

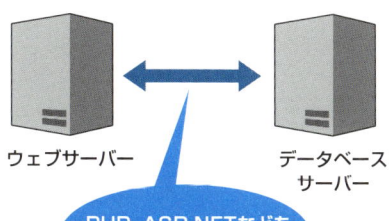

chapter 5 メールサーバーを構築する

5 メールサービスを提供できるようにする

SMTPサービスとPOP3サービスの両方の機能が必要

　メールサーバーを構築するには、サーバー用のハードウェアとOS、そして**SMTPサーバーソフト**と**POP3サーバーソフト**が必要です。UNIX系OSを採用したサーバーでは、SMTPサーバーソフトは**Postfix**、**sendmail**、**qmail**など、POP3サーバーソフトは**Qpopper**がよく使われています。

　サーバー用のWindows OSには、簡易的なSMTP、POP3サービスを提供する機能が標準で装備されていますが、テスト用など限られた目的で使用されており、業務用として使用するには適しません。マイクロソフト社が提供する**Microsoft Exchange Server**や、ほかのメーカーが販売するメールサーバーソフトを購入し、導入するのが一般的です。Microsoft Exchange Serverには、SMTP、POP3両方のサービスを提供する機能が備わっています。

　UNIX系OSに対応したSMTPサーバーソフト、POP3サーバーソフトはCUIで設定しなければなりませんが、SMTP、POP3サービスに特化しているため、設定内容自体はそれほど複雑ではありません。

　Microsoft Exchange Serverはメールサービスだけでなくスケジュール、ToDo機能、FAXとの連携機能などを備えており、便利ですが設定は複雑です。バージョン2007では、クライアントとのデータのやりとりを担当する「クライアント アクセス サーバー」、メールボックスを管理する「メールボックス サーバー」、インターネットなど外部のネットワークとのデータのやりとりを担当する「エッジ トランスポート サーバー」、Active Directoryのフォレスト内でのデータのやりとりを担当する「ハブ トランスポート サーバー」、電話やFAXと連携するための「ユニファイド メッセージング サーバー」と、5つのサーバーが役割分担して機能するという概念が導入されました。管理者として使いこなすにはそれなりのスキルが必要となりますので、シンプルなメールサーバーソフトを選択するのも1つの方法です。

chapter 5　インターネットに公開するサーバーを構築する

メール送受信の仕組み

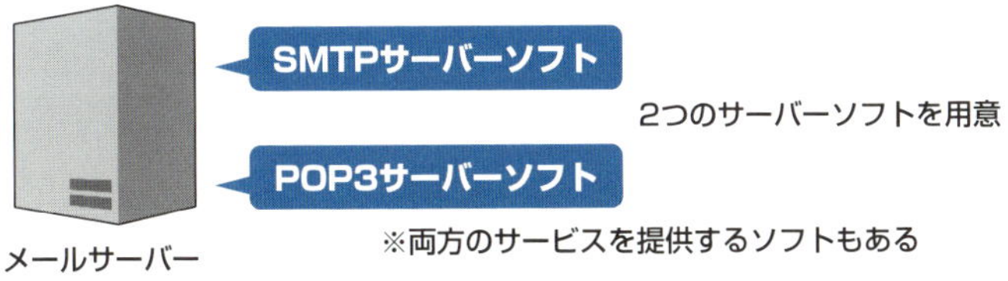

SMTPサーバーソフト
POP3サーバーソフト

メールサーバー

2つのサーバーソフトを用意

※両方のサービスを提供するソフトもある

UNIX系OS　設定はCUIだが設定内容はシンプル

- SMTPサーバーソフト ⇒ Postfix、sendmail、qmailなど
- POP3サーバーソフト ⇒ Qpopperなど

Windows OS

- Microsoft Exchange Server
  メール(SMTP、POP3)、スケジュール、ToDo機能など多彩な機能を備える。その分設定は複雑になる。

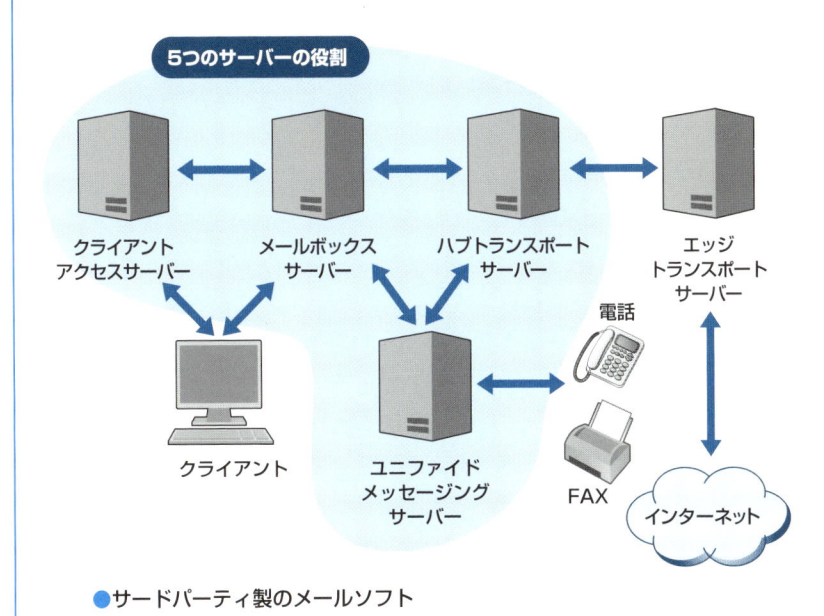

5つのサーバーの役割

クライアントアクセスサーバー ― メールボックスサーバー ― ハブトランスポートサーバー ― エッジトランスポートサーバー

クライアント

ユニファイドメッセージングサーバー

電話
FAX
インターネット

- サードパーティ製のメールソフト

chapter 5 DNSサーバーを構築する

6 取得したドメイン名をDNSサーバーに登録

DNSサーバーの設定で登場する用語を覚えておこう

　取得したドメイン名を使用したウェブサイトを公開する場合や、取得したドメイン名を使ったメールアドレスでメールをやりとりする場合は、ドメイン名とグローバルIPを対応させるDNSサーバーを構築します。ここでのDNSサーバーの役割は、**フルサービスリゾルバ**の問い合わせに応じて情報を提供することです。このような役割を持つDNSサーバーを、フルサービスリゾルバと区別して**コンテンツサーバー**と呼びます。UNIX系OSを採用したサーバーでは、**BIND**というDNSサーバーソフトがよく利用されています。サーバー用のWindows OSには、DNSサーバーとしての機能が標準装備されています。

　DNSサーバーを構築する際の設定は、それぞれのソフトによって異なりますが、設定する内容は基本的に同じです。以下に設定項目や用語をまとめておきますので参考にしてください。

・**正引き、逆引き**
　ドメイン名から、対応するIPアドレスを取得することを**正引き**、IPアドレスから対応するドメイン名を取得することを**逆引き**と呼びます。

・**ゾーン**
　コンテンツサーバーは**ルートサーバー**を頂点とした階層構造を分担して情報を管理しています。1つのコンテンツサーバーが管理している情報の範囲を、**ゾーン**と呼びます。

・**レコード**
　コンテンツサーバーが持っている情報を**レコード**と呼びます。コンテンツサーバーを設定する際に、レコードを登録します。**A**（ホスト名に対応するIPアドレス）、**NS**（DNSサーバー名）、**MX**（メールサーバー名）、**SOA**（最初に記述する基本情報）などがあります。

chapter 5　インターネットに公開するサーバーを構築する

DNSサーバーの役割と主なDNSレコード

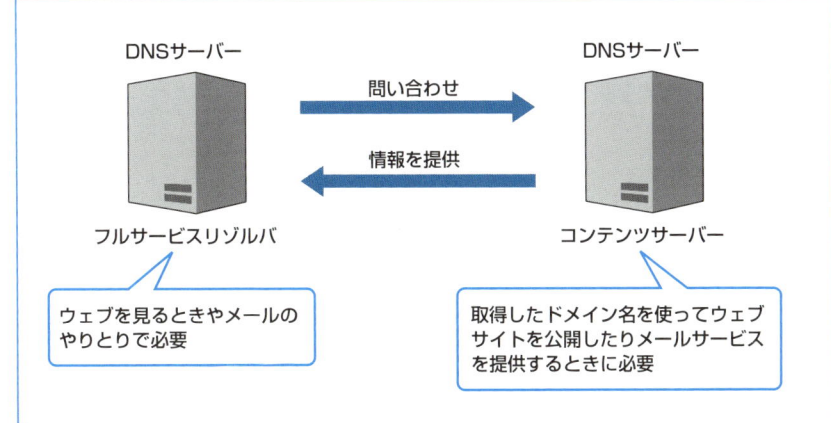

DNSサーバー　　問い合わせ　　DNSサーバー
　　　　　　　　情報を提供
フルサービスリゾルバ　　　　　コンテンツサーバー

- ウェブを見るときやメールのやりとりで必要
- 取得したドメイン名を使ってウェブサイトを公開したりメールサービスを提供するときに必要

● 代表的なDNSサーバーソフト

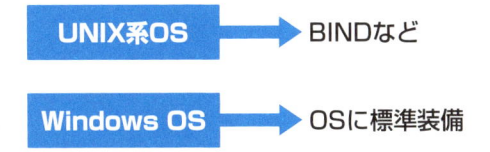

UNIX系OS　→　BINDなど

Windows OS　→　OSに標準装備

● DNSサーバーでのドメイン名とIPアドレスの変換

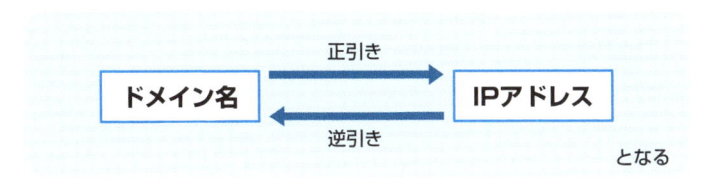

ドメイン名　―正引き→　IPアドレス
　　　　　　←逆引き―

となる

● コンテンツサーバーが持っている情報

主なDNSレコード

A	ドメイン名（ホスト名）に対応するIPアドレス
NS	DNSサーバー名
MX	メールサーバー名
SOA	基本情報。DNSサーバー名、管理者メールアドレスなど

chapter 5　もっと便利にサーバーを立ち上げる
7 インターネットサーバーをアウトソーシング

> 安全で安定した運用を考えると自社サーバーは負担が大きい

　インターネット関連のサーバーを自社内に構築、管理すると、多大なコストがかかります。安定したサービスを提供できる能力を持ったサーバーと回線設備を用意しなければなりません。インターネット経由での攻撃やウイルスに対処するためのセキュリティ対策も必須です。また、企業ネットワークの構築、運用とは別の、インターネット関連のスキルを持った管理者が、構築、運用に携わることになります。

　このようなコスト面、人材面での負担を軽減するため、インターネット関連サーバーの構築と管理は専門の業者に委託する企業が増えています。委託する方法としては、**レンタルサーバー**と**ハウジングサービス**があります。

　レンタルサーバーとは、**業者が用意した回線設備とサーバーを利用するサービス**です。**ホスティングサービス**とも呼びます。レンタルサーバー業者が用意してくれるので、サーバーを構築する必要はありません。必要であれば、CGIの仕組みやPHP、データベースサーバーなどもレンタルできます。サーバーの運用も業者が行ってくれます。ただ、サーバーのディスク容量や提供するソフトの種類はあらかじめ決められているので、提供するサービスにあわせて自由にサーバーを構築することはできません。

　ハウジングサービスとは、**自社で用意したサーバーを業者が提供する回線設備の整った施設に預けるサービス**です。**コロケーションサービス**とも呼びます。回線設備や、サーバーを安定して稼働させるための電源設備などを用意する必要がなく、メンテナンスを業者に任せられるのがメリットです。しかし、サーバー自体は自社で構築、運用するので、スキルを持った管理者が担当することになります。

　どのようなウェブサービスを提供したいか、人材は確保できるのかといった人材面での問題、コストなどを考えて、適したサービスを選択しましょう。

レンタルサーバーとハウジングサービス

サーバーの構築・運用にはコストがかかる

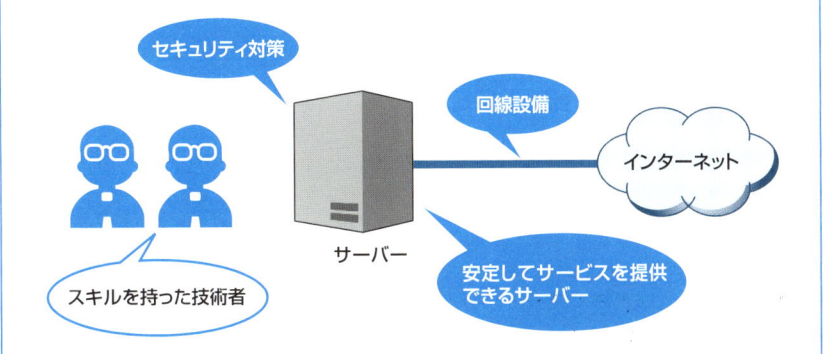

- セキュリティ対策
- スキルを持った技術者
- 回線設備
- 安定してサービスを提供できるサーバー
- サーバー
- インターネット

レンタルサーバー（ホスティングサービス）

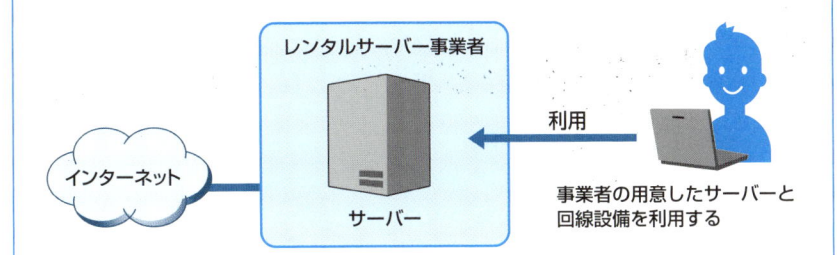

レンタルサーバー事業者 / サーバー / インターネット / 利用

事業者の用意したサーバーと回線設備を利用する

ハウジングサービス（コロケーションサービス）

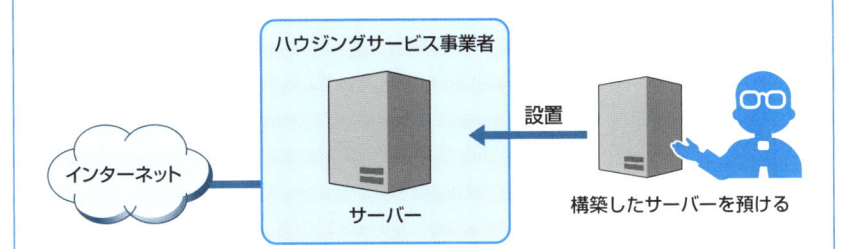

ハウジングサービス事業者 / サーバー / インターネット / 設置

構築したサーバーを預ける

COLUMN

データセンターってどんなところ？

サーバーを構築する場合、オフィスなどにサーバー用のコンピュータを設置することもできますが、運用管理や環境の面で問題を抱える場合が少なくありません。例えば、サーバーを常時管理できる人材を確保できない、適切な環境の設置スペースがない、回線設備が貧弱等々。問題を抱えたままの運用はシステム障害の元となりかねません。そんなときに利用するのが「データセンター」です。

ビジネス用途などで本格的なサーバーを構築・管理・運用する場合、主に以下の環境や設備が必要になりますが、データセンターはあらかじめこれらを満たすように建てられた専用施設です。

・専用の設置スペース
・回線設備
・空調設備
・物理的なセキュリティ環境（設置スペースへの人や物の出入りの監視など）
・災害対策（地震・火災・雷など）
・停電対策
・年中無休の人間による管理体制

独力で上記の条件を満たすためには費用も時間もかかります。しかし、データセンターを利用して、可能なところはすべてアウトソースするのだという考えに立てば、長い目で見て安上がりとも言えます。

データセンターには設備や環境のみを借り受けるタイプ、運用までを任せるタイプなど、いろいろあります。システムの規模や用途、予算に合わせて選ぶようにしましょう。

6
chapter

サーバーの管理と運用

サーバーにトラブルが起きると、ユーザー全員に影響が出てしまいます。そこで大切なのが、サーバーを正しく管理して、トラブルなく運用すること。ここではトラブルを未然に防ぐための管理方法を解説します。

chapter 6 サーバートラブルの予防と対処

1 サーバーを円滑に稼働させる

サーバーが安定して動くハードとネットワーク環境を整えることが大切

　クライアント／サーバー環境の中心となるのが、サーバー用コンピュータです。

　もしサーバー用コンピュータにトラブルがあって動かなくなれば、当然ネットワークに接続されているクライアントPCにも影響が出るので、特にサーバー用コンピュータの動作環境には十分な注意を払うべきです。例えば、サーバーのある部屋の空調の温度を低めに設定したり、可能であれば管理者以外の人がサーバー用コンピュータに触れないようにサーバー専用の部屋やエリアを設けたり、鍵を付けたりすることも効果的です。

　また、それぞれのコンピュータを生かす"ライフライン"とも言えるのがネットワークです。ネットワークにトラブルが発生すれば、サーバーやクライアントが孤立して、全体が機能停止に陥るので、基本的に、ネットワークの状況を監視してトラブルが起きないように厳重に管理しなくてはなりません。

　もちろん、そうは言ってもクライアントからサーバーにつながらないなどといったトラブルはいつ起こるかわかりません。また、いざトラブルが起こっても、ネットワークにはさまざまなハードウェアがつながっていて、どれがトラブルを起こしているか、すぐにはわかりにくいものです。

　そこでおすすめしたいのが、あらかじめサーバーやハブ、ルーターなどの配置をまとめた「**ネットワーク構成図**」の作成です。構成図を見ながらトラブルを起こしている場所を探せば、効率よく対処できるというわけです。

　さらに、サーバー用コンピュータやネットワークが物理的に壊れたときの対策として、故障しがちである重要な部品の予備を用意しておき、トラブル時にすぐに交換できるようにしておきます。例えば、サーバーのハードディスクやネットワークアダプタ、ネットワークケーブルやハブなどがあれば、壊れたときに交換するだけでなく、一時的に交換して動作するかどうかを確かめ、トラブル箇所を探すことにも役立ちます。

chapter 6　サーバーの管理と運用

サーバー環境とネットワーク構成図

サーバーが安定して稼働する環境を整える

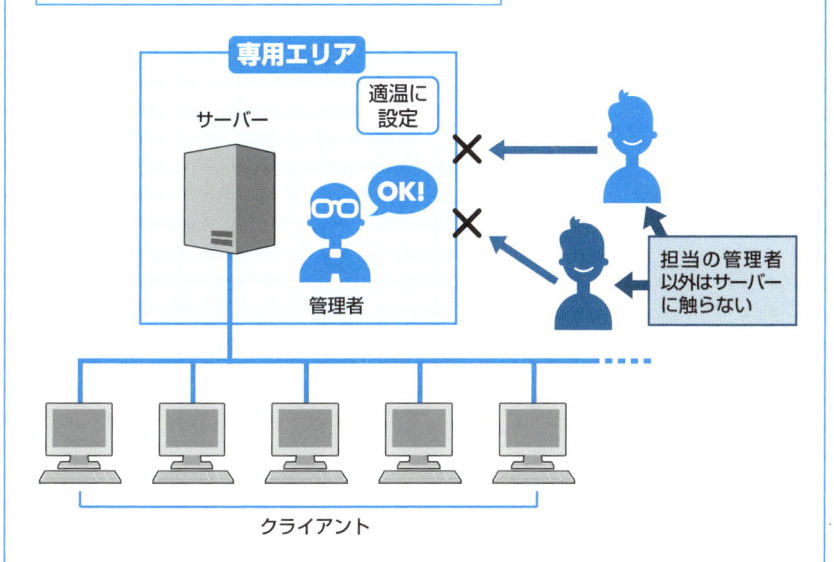

専用エリア
サーバー
適温に設定
OK!
管理者
担当の管理者以外はサーバーに触らない

クライアント

トラブルに備える＝ネットワーク構成図を描いておく

＜上手な作り方＞
- どこに何があるかを明確にする
- アドレスを書き入れる
- 記号などの書き方を統一する
- 複雑になるときは複数枚に分ける

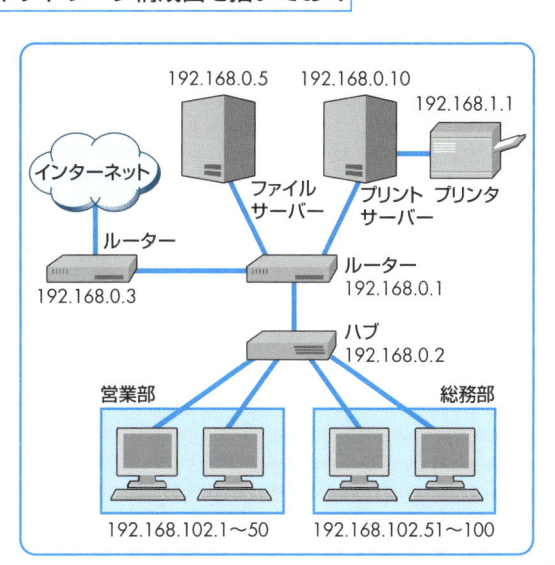

インターネット
192.168.0.5　ファイルサーバー
192.168.0.10　プリントサーバー
192.168.1.1　プリンタ
ルーター　192.168.0.3
ルーター　192.168.0.1
ハブ　192.168.0.2
営業部　192.168.102.1～50
総務部　192.168.102.51～100

137

chapter 6　サーバーはどこからでも管理できる

2　サーバーをリモートで管理

クライアントからサーバーを管理するツールを活用する

　サーバーを管理するというと、直接サーバー用コンピュータのある部屋に行って操作を行うイメージを持っているかもしれません。しかし、実際にはサーバーはネットワークに接続されていて、クライアントPCともつながっています。つまり、クライアントPCからサーバーをコントロールすることが可能なのです。

　例えば、Windows Server 2008には、そのためのさまざまなツールが用意されています。「**リモートデスクトップ**」は、ネットワークを使って、ほかのPCを遠隔操作できるツールです。リモートデスクトップ接続でクライアントからサーバーに接続すると、サーバーの画面がそのままクライアントの画面に表示されるようになりますから、クライアントPCがまるでサーバーになったかのような感覚で使えます。リモートデスクトップはWindowsクライアントだけでなく、Mac OS Xなど、ほかのクライアントOSでも使うことができます。また、休日に自宅からサーバーが正しく動いているか確認したいといったときにも使えます。

　Windows Server 2008では「**ターミナルサービス機能**」も利用できます。これは、サーバーで動かしているアプリケーションをクライアントからコントロールできる機能です。マルチディスプレイ機能も使えますし、特定のアプリケーションが正しく動いているかどうかをチェックしたいときなどにも活用できます。なお、リモートデスクトップ接続は1つのクライアントでしか使えませんが、ターミナルサービスは複数のクライアントから使うことが可能です。

　このほか、「リモートサーバー管理ツール」という、サーバーの機能追加や運用管理をクライアントから行える機能もあります。必要に応じて適したサーバー管理ツールを活用しましょう。

chapter 6　サーバーの管理と運用

クライアントからサーバーを管理

リモートデスクトップとは

サーバー

同じ画面 ＝ クライアントからサーバーをコントロールできる

クライアント

ターミナルサービス（Windows Server 2008）

サーバー

サーバーで動いているアプリケーションを
クライアントからコントロールできる

クライアント

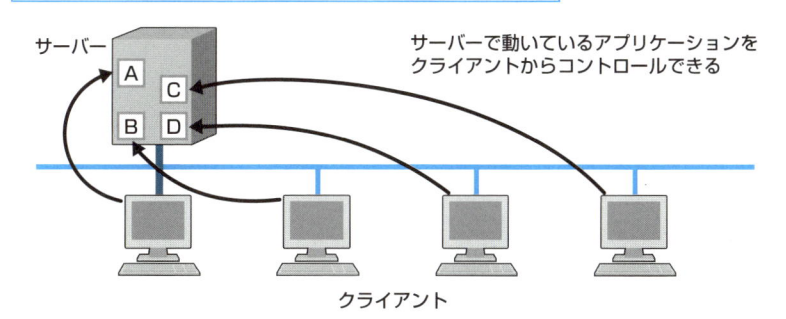

リモートサーバー管理ツール（Windows Server 2008）

サーバー

追加

クライアントからサーバーの機能の追加や
運用管理を行う

クライアント

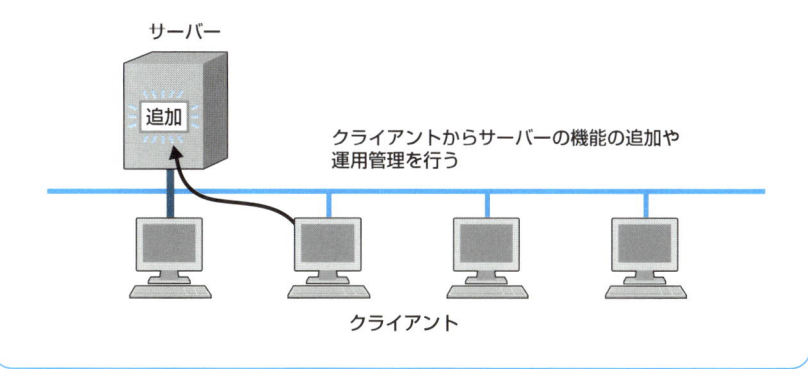

chapter 6 — 3 クライアントOSが混在するネットワーク

ニーズに応じてクライアントのOSを選ぶ

設定や管理の手間はかかるが、サーバー活用には問題なし

　クライアントに使用するPCには、最も多く使われているWindowsのほかに、Mac OS XやLinuxなど、いろいろなOSがあります。

　クライアントを1つのOSに統一すれば、OSのアップデート、必要な機能の追加や設定といったメンテナンス作業をサーバーからまとめて行うことができ、メンテナンス作業の効率アップが期待できます。管理コストを下げることも可能でしょう。

　しかし、クライアントPCで行う作業によっては、別のOSの方が使いやすかったり、作業効率が高くなることもあります。また、特定のOSでしか動かないアプリケーションをクライアントで使いたいというニーズもあるはずです。現在のサーバー／クライアント環境では、**複数のOSのPCが混在していることが一般的**ですし、わざわざクライアントOSを統一するための導入のコストや手間を省けるのもメリットです。

　しかし心配はありません。今では、ほとんどのクライアントOSがネットワークに接続して使用することを前提に作られていますから、クライアントOSが混在しているからといって、特別に管理が難しいということはありません。例えば、Windowsサーバー環境でMac OS Xのコンピュータをクライアントとして利用するときには、Macクライアント側で簡単な設定をすれば、Windowsサーバーの「Active Directory」にアクセスできます。もちろん、プリントサーバーやファイルサーバーにも簡単に接続できます。正しく設定しておけば、クライアントOSの種類を意識せずにサーバー環境を活用できるというわけです。

　なお、Mac OS Xクライアントが中心で、Windowsクライアントが少ない場合には、サーバーOSに「Mac OS X Server」を採用する方法もあります。

　環境に最適なシステムを選ぶことで、ネットワークやサーバーのメンテナンスコストや管理の手間を省けます。

chapter 6　サーバーの管理と運用

クライアントOSが複数の場合の運用・管理

OSが単一の場合と複数の場合の比較

OSが単一

サーバー

メリット
- OSのアップデート、機能の追加や設定など、メンテナンスが一括して行えるので手間が少なくて済む

一括管理

WIN　WIN　WIN　WIN

Windowsクライアント

OSが複数

サーバー

メリット
- ニーズに合ったアプリケーションを使える ➡ 作業効率が上がる
- OS統一の導入コストが省ける

グラフィック＝Mac　　ローカルデータベース＝Linux　　表計算＝Windows

さまざまなOSのクライアント

chapter 6　グループでの管理が基本

4　ユーザーの管理

ユーザーをグループに分けて管理の効率をアップさせる

　サーバーを利用する際、すべてのファイルにアクセスできるのは管理者のみで、ユーザーにはアクセスできるフォルダやファイルなど個別に権限を与えたり、使用できるハードディスク容量を指定しているのが一般的です。

　ユーザーが少ないうちは、個別にこのような設定をしていても、たいした手間はかからないのですが、ユーザーが増えてくると管理に大変時間を取られるようになっていきます。

　そこで、効率的にユーザーやクライアントを管理する必要性が出てきます。そのために「**グループ**」を活用しましょう。

　サーバーでは、複数のユーザーを1つのグループにまとめることができます。例えば、営業部のグループと総務部のグループのように、所属によってユーザーをグループにまとめると、営業部の人だけがアクセス可能なフォルダ、総務部の人だけがアクセス可能なフォルダといった具合に、グループ単位で設定することができます。

　そして、グループに設定した権限は、自動的にそのグループに所属するユーザーの権限として設定される仕組みになっています。例えば、Aさんを営業部のグループに指定すると、自動的に営業部のグループで利用できるフォルダやファイルにAさんがアクセスできるようになるというわけです。

　さらに、1人のユーザーを複数のグループに所属させることもできます。例えば、営業部員で新製品開発プロジェクトのメンバーになっている人の場合には、営業部とプロジェクトの両方のグループに設定すれば、両方のグループに与えられた権限でサーバーを使用できます。

　グループを正しく設定していれば、ユーザーの異動時にはグループを変更するだけで済み、管理の手間も最小限になります。

chapter 6　サーバーの管理と運用

ユーザーはグループに分けて管理する

ユーザーが少ない場合の管理

個別管理でもOK

A
B
C

管理者

AさんのPC　　BさんのPC　　CさんのPC

ユーザーが多い場合の管理

グループ単位で管理

営業
開発
総務

管理者

営業部グループ　　開発部グループ　　総務部グループ

クライアントをグループ分けする

異動したら？

開発のAさん　→　営業のAさん

グループ名を変えればOK

143

chapter 6 不正アクセスからデータを守る

5 パスワードとアクセス権の管理

グループごとに適切なアクセス権を設定し、記録を取る

　サーバーを利用するには、ユーザーごとに**IDとパスワードの登録**が必須です。サーバーにログオンするには、IDとパスワードを入力しますが、もしパスワードがユーザー以外の人に漏れてしまうと、データを盗まれたり改ざんされたりする可能性もあるので、サーバーを守るためにもユーザーのパスワードの管理は大切な作業です。

　パスワードは、サーバーにログオンしたユーザーが自分で変更することもできますし、管理者が変更することも可能です。

　パスワードは一定期間ごとに変更することが望ましいのですが、長期間パスワードを変更していないユーザーにパスワードを変更するよう促すこともできます。同様に、パスワードを紛失してしまったユーザーに一時的なパスワードを渡し、次にログオンする際に新しいパスワードに変更するよう強制することもできます。

　ファイルやフォルダを読んだり、書き込みができる権限のことを**アクセス権**といいます。アクセス権は、ユーザーやグループごとに設定できます。指定したユーザーやグループのメンバーがアクセスできる共有フォルダにも、アクセス権を設定します。

　アクセス権には「読み取り」「書き込み」「変更」「読み取りと実行」などがあり、ユーザーやグループごとに設定します。例えば、グループAとBの共有フォルダがあった場合、グループAには読み取りと実行のみ、グループBにはすべてのアクセス権を与えるといった設定も可能です。

　アクセス権を設定すると同時に、誰がいつどのファイルにアクセスしたかを履歴（**ログ**）に保存しておくことも必要です。サーバーが不正に利用されたり、問題が起こったときの原因を追及するときに有効な情報になりますし、履歴を取っていることを周知すれば、不正を抑止する効果も期待できます。

CHAPTER 6　サーバーの管理と運用

パスワードとアクセス権の管理方法

ユーザーはグループに分けて管理する

Aさん
ID
パスワード

変更可能

Bさん
ID
パスワード

パスワードはユーザーと管理者の両方が変更可能

変更可能

Aさん

パスワードを長期間変更していないBさん

②変更

ユーザー設定

サーバー

管理者

このようなユーザーにはまず変更を要請

①「パスワードを変更してください」

アクセス権の管理

読み書きOK

グループA

○○フォルダのアクセス権

	読	書
A	○	○
B	○	×
C	×	×

アクセス権はグループごとに設定すると管理しやすい

グループC

読み書きNG

グループB

読み取りOK

アクセス権設定

サーバー　管理者

chapter 6 ネットワークコマンドの使い方

6 ネットワークの監視

ネットワークの状態は、ネットワークコマンドで見極める

　サーバーにとって、ネットワークが正しく動いていることが、システムをスムーズに運用するために必要です。**ネットワークコマンド**を使ってネットワークにトラブルが起きていないかをチェックしましょう。
　よく使われるコマンドには以下のものがあります。

- **ping**
  特定のネットワーク機器に信号を送って、接続が正常かどうかを確認する。
- **traceroute（tracert）**
  指定したホストまでのネットワークの経路をリストで表示する。
- **ipconfig**
  ネットワークの設定情報を調べる。IPアドレスの確認やリリースができる。
- **nslookup**
  DNSサーバーの状態を調べて、正常に動いているかを確認する。特定のWebサイトに接続されにくいときにも使う。
- **netstat**
  ネットワークの統計情報や状態を確認する。接続先のホスト名を調べたり、エラーパケットが発生していないかもチェックできる。

　例えば、新しいクライアントを接続したときには、pingコマンドを使って、そのクライアントに信号を送ります。すぐに返事が戻ってくれば、クライアントは物理的に正しく接続されたことがわかります。
　このようにコマンドを使えば、遠隔地にあるネットワーク機器の状態を、居ながらにしてチェックできるというわけです。
　なお、これらのコマンドはクライアントからも使用することができます。

ネットワークコマンドの使い方

特定の機器までの接続状況を確認する

ルーターAは正常につながっている？

ping

応答がある → 「ルーターAはちゃんと動いてるよ！」

管理者 — サーバー — ルーターA — クライアントA

traceroute

クライアントAまでのネットワーク経路は？

「ルーターAを介してクライアントAにつながっているよ！」

サーバーに接続されているネットワーク状態をチェックする

ipconfig

ネットワークの状態は？

IPアドレスは192.168.111.1
物理アドレスはxx.xx.……

nslookup

DNSサーバーは動いている？

DNSサーバーはsev1.xxx.co.jp
IPアドレスは192.168.10.1

netstat

ネットワークの状態は？

接続しているのは
192.168.111.10
192.168.111.14
︙

管理者 / サーバー

chapter 6 ネットワークコマンドでトラブル発生箇所を探る

7 ネットワークに起こる障害

ネットワークコマンドで障害を切り分けるのが第一歩

　ネットワークには、クライアントなどが接続されている**ハブ**、機器同士をつなぐ**ケーブル**、ネットワークに接続するための**ネットワークアダプタ**など、さまざまな機器がつながっています。

　ネットワークで起きるトラブルは、これらのハードウェアの故障のほかに、ネットワークに接続されている機器の設定のミスなども考えられます。

　例えば「あるクライアントからサーバーに接続できなくなった」というトラブルでも、クライアントのネットワークアダプタが壊れているのか、ケーブルが断線してしまったのか、ハブが接触不良なのか、クライアントのネットワークの設定が誰かに変更されてしまったのかなど、さまざまな原因が考えられるでしょう。

　そこで、ネットワークにトラブルが起こったときには、まず、**どこでトラブルが起きているかを突き止めて対処する**ことが必要です。どこでトラブルが起こっているかを探すには、コマンドプロンプトから前述したネットワークコマンドを使って調べます。

　あるPCからの反応がとても遅いときには、pingでそのPCからの反応をチェックします。もし、pingの返事がなければ、サーバーとそのPCとの間のどこかにトラブルの原因があります。次に、tracerouteでそのPCとの間にあるルーターの反応時間をチェックすると、どこで遅延が起きているかが数値でわかります。そこで、遅延が起きているルーターを修理したり交換したりすれば、遅延を解消することができるというわけです。

　ipconfigを使うと、そのPCのネットワーク設定が確認できます。初歩的な設定ミスでPCがネットワークに接続できない事例は意外と多いものですが、このコマンドでネットワーク設定をチェックすれば、設定ミスかどうかがすぐにわかります。

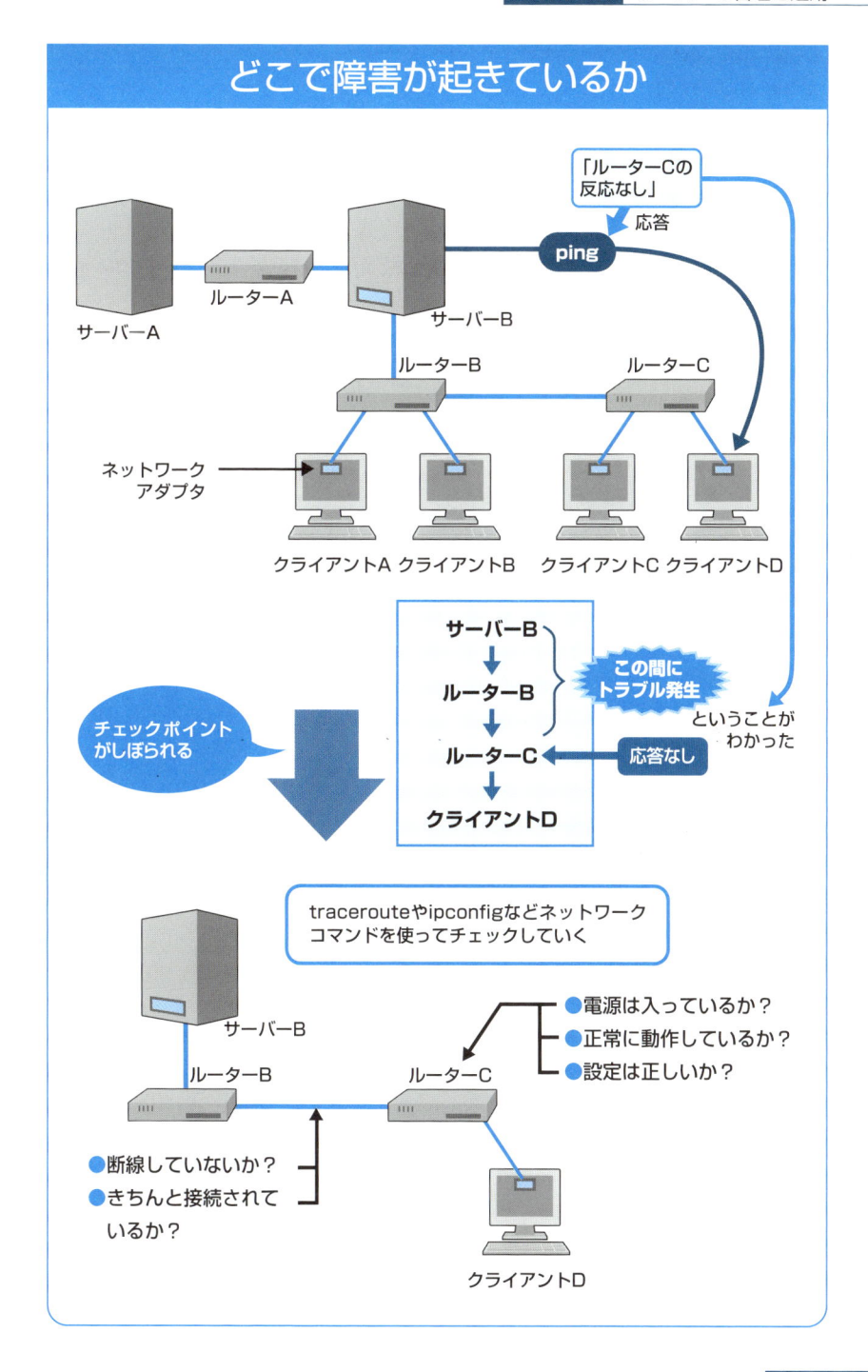

chapter 6　サーバーの管理と運用

どこで障害が起きているか

「ルーターCの反応なし」応答

ping

サーバーA
ルーターA
サーバーB
ルーターB
ルーターC

ネットワークアダプタ

クライアントA　クライアントB　クライアントC　クライアントD

サーバーB
↓
ルーターB
↓
ルーターC
↓
クライアントD

この間にトラブル発生

応答なし

ということがわかった

チェックポイントがしぼられる

tracerouteやipconfigなどネットワークコマンドを使ってチェックしていく

サーバーB
ルーターB
ルーターC

●電源は入っているか？
●正常に動作しているか？
●設定は正しいか？

●断線していないか？
●きちんと接続されているか？

クライアントD

149

chapter 6　障害の原因を探るためにツールを駆使する

8 障害の原因を突き止める

原因に合った対策を見つけ、すばやく対応する

　サーバーにトラブルが発生したときには、**どこが原因かを突き止めるのが、解決への第一歩**です。原因としては、前述したネットワークトラブルのほかに、ハードウェア、ソフトウェアの障害が考えられます。

　サーバーでは、たくさんのプログラムが動いているため、ソフトウェアが原因でシステムが不安定になったときに、何が原因かわかりにくいこともあります。再起動してもシステムが不安定なときには、「システム構成ユーティリティ」（Windows Server 2008の場合）を使います。最低限のデバイスとサービスだけで起動したり、読み込むプログラムを限定して動かしてみるなどして、原因を見つけましょう。

　システムの反応が遅いときには、CPUやメモリ、ディスク、ネットワークなどのパフォーマンスを監視して原因を突き止めます。Windows Server 2008なら、「信頼性とパフォーマンスモニタ」を使用することで、稼働状況のレポートを手軽に調べられますし、よりパフォーマンスを上げたいときには詳細なデータを収集して分析することもできます。システムの稼働状況を記録したログも、原因追求に役立つ大事なデータです。

　これらのツールで原因を見つけて、部品を交換したり、不要なサービスを止めるなどの対策をして、障害を取り除きます。

　このほか、データの書き込みができない、ファイルを読み込もうとするとエラーが出るなど、ハードディスクに関連するトラブルもよくあるので、ハードディスクには定期的なメンテナンスが必須です。メンテナンスでは、まず不要なファイルやフォルダを削除します。次にディスクのエラーチェックを行い、エラーが起きている部分を修復します。ハードディスクの処理速度が非常に低下している場合には、デフラグを行います。当然のことですが、メンテナンス前にはバックアップを取ることを忘れないようにします。

chapter 6 サーバーの管理と運用

ツールを使って障害の原因を突き止める

システムが不安定になったとき

① システム構成ユーティリティを起動する

↓

② 基本的なデバイスのみでシステムを起動する

↓

③ 読み込む項目を選択して起動する

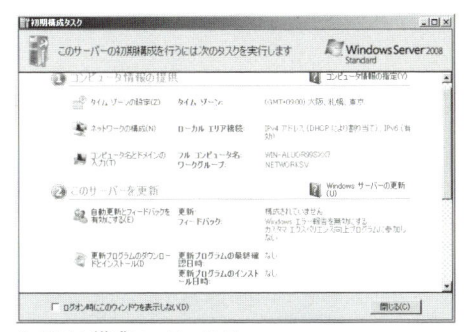

システム構成ユーティリティ

起動方法を指定できるユーティリティ

システムの反応が遅いとき

① [信頼性とパフォーマンス]を開く

↓

② パフォーマンスデータを収集する

↓

③ レポートを分析する

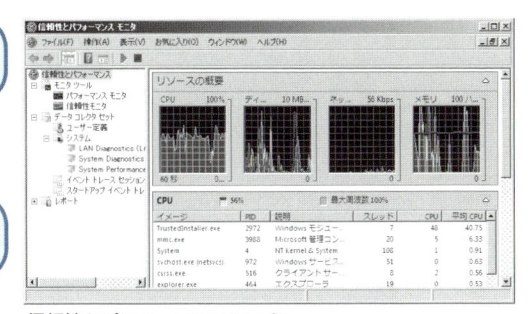

信頼性とパフォーマンスモニタ

システムの現在の状況を表示できる管理者用ツール

151

chapter 6　バックアップはトラブル対処の基本
9　定期的にバックアップを取る

便利な大容量ハードディスクに、こまめなバックアップでデータを守る

　サーバーには、各ユーザーのIDやパスワード、ユーザー同士で共有している業務ファイルなど、さまざまなデータが保存されています。しかし、毎日快適にサーバーを使っていると、これらの大切なデータを失うリスクがあることを忘れてしまいがちです。

　しかし、たとえ丈夫なサーバー用のコンピュータを使用していたとしても、ハードウェアが壊れる確率はゼロではありません。また、停電などのトラブルで一部のデータが消えてしまう可能性もあります。このようなトラブルで大事なデータがなくなってしまっては、サーバーを利用している意味がないと言えるでしょう。

　このような障害への最も基本的な対策は、定期的にデータをコピーして**バックアップを作成しておくこと**です。このため、バックアップ用のツールなどは、サーバー用のOSに標準の機能として搭載されているのが一般的です。毎日決まった時間など条件を指定しておくと、自動的にバックアップしてくれます。

　データをバックアップするメディアには、テープメディアのDATや、ディスクメディアのDVDやMOなどがありますが、最近は大容量化が著しいハードディスクを使って、サーバーのハードディスクの内容をバックアップする方法が増えてきました。この方法のメリットは、バックアップが短時間で行えることや、複数のハードディスクを用意すれば複数のバックアップが手軽に取れることなどがあります。

　実際にトラブルが起こってしまったときには、バックアップしてあったデータをサーバーに戻すことになります。しかし、戻せるのは、最後にコピーした時点でのデータになります。つまり、できるだけこまめにバックアップを取っておくほど、故障の被害を最小限に抑えることができます。

chapter 6　サーバーの管理と運用

バックアップはこまめに取る

大容量ハードディスクでバックアップを取る

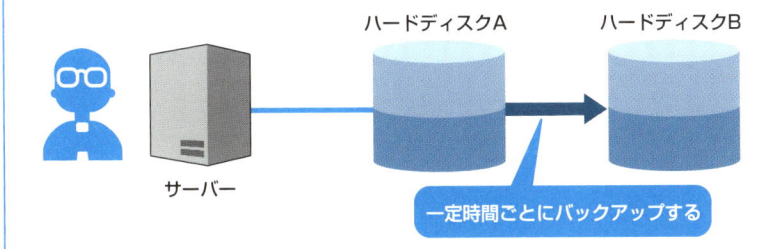

ハードディスクA　　ハードディスクB

サーバー

一定時間ごとにバックアップする

- バックアップにハードディスクを使うメリット
  - 高速
  - コストパフォーマンスがよい
  - 大容量

バックアップは定期的にこまめに取る

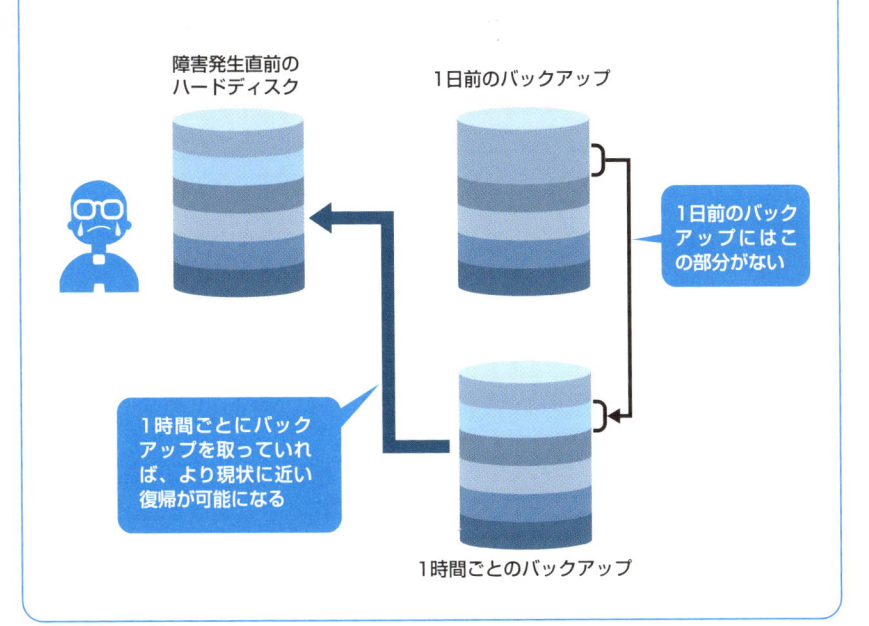

障害発生直前の
ハードディスク　　　1日前のバックアップ

1日前のバックアップにはこの部分がない

1時間ごとにバックアップを取っていれば、より現状に近い復帰が可能になる

1時間ごとのバックアップ

153

chapter 6 思わぬトラブルに備えてデータを守る

10 RAIDとUPSを導入する

データのミラーリングと停電に強い電源でデータを保護する

　データを保存する際、自動的に複数のハードディスクにデータを書き込んでおくことで、データを安全に保存するのが「**RAID（Redundant Array of Inexpensive Disks）**」というシステムです。

　例えば、2台のハードディスクに同じデータを保存しておくと、万が一、片方のハードディスクが故障してしまったときでも、もう片方のハードディスクに同じデータが保存されているので、データを失う心配がありません。また、壊れたハードディスクを取り除いて、新しいハードディスクに付け替えれば、すぐに環境を復旧することもできます。

　もちろん、RAIDを構築したとしても、それだけで安心というわけではなく、定期的なバックアップを取ることは必要です。というのも、誰かが誤って共有の大事なファイルを消去してしまったなど、ユーザーがミスをしてしまうことはよくあります。こんなとき、RAIDでは消してしまったファイルを戻すことはできません。しかし、バックアップを取っていれば、前回バックアップした時点の状態まで戻すことができるのです。

　ハードディスクにトラブルが起きる原因の1つが、電源です。データを書き込んでいる最中に急に電源が落ちたり、雷によって電圧が変化してしまうと、ハードディスクが壊れたり、正しくデータを書き込めないことになります。

　このような電源のトラブルからハードディスクやコンピュータを守ってくれるのが、「**UPS（無停電電源装置）**」です。UPSの内部には大容量のバッテリが入っていて、常に充電された状態になっています。そして、停電が起きたときには、一定時間、バッテリから電力を供給してくれるのです。この間にサーバーをシャットダウンさせれば、トラブルを防ぐことができるというわけです。なお、UPSを選ぶときには、雷からサーバーを守ってくれる機能が付いているものを購入するのがおすすめです。

chapter 6　サーバーの管理と運用

RAIDとUPSでより安全性を高める

RAIDの仕組み （RAIDとハードディスクでのバックアップを併用した場合）

RAID

サーバー　ハードディスク1　RAIDのハードディスク

コピー

間違えて消去　OH!

前回バックアップした状態に戻せる

ハードディスク2（バックアップ用）

バックアップと併用すればより安全にデータを保護できる

RAIDはリアルタイムに状態が反映されるので、人為的ミスでファイルを消してしまったらコピーも消えてしまう

UPSの仕組み

停電　雷

コンセント　サーバー

コンセント抜け

急に電源が落ちたり過度な電圧がかかったりしたら……

ファイルやハードが壊れることも！

このような事態が発生しても一定時間サーバーを正常に動かせる

UPS導入

UPSが動いている間に管理者が事態に対応する

コンセント　UPS　サーバー

バッテリ内蔵

155

COLUMN

破られないパスワードを使おう

サーバーを管理するときも、利用するときも、パスワードを使用します。いわば、パスワードは自宅の"鍵"と同じ役割を果たしますが、果たして自分の設定したパスワードが誰にも破られないほど安全だと言い切れるでしょうか？

実際にパスワードを決めるシーンでは、ついつい覚えやすい単語や文字列にしてしまいがちなものです。現実にはパスワードを破るためのソフトウェアも存在していて、コンピュータやソフトウェアの性能が高くなり、安易なパスワードだと破られてしまうことも珍しくなくなりました。また、インターネットに接続されている限り、外部からの侵入への脅威がなくなることはありません。パスワードの重要性は高まるばかりと言えます。

それでは、破られにくいパスワードにするには、どのようなコツがあるのでしょうか。パスワードはほかの人に推測されにくい文字列にするのが基本です。その上で以下の方法が効果的です。

・英字は大文字と小文字を混ぜる
・数字だけでなく記号も併用する

とくに、最初の1文字目を記号にすると破られにくくなると言われています。ただし、サーバーシステムによって、使用できる記号に制限があります。使用できる文字種を確認するのを忘れないようにしましょう。もちろん、一定期間ごとにパスワードを変更することも重要です。例えば、複数の人が同じパスワードで利用するシステムなら、月初や毎月曜日のように、期間ごとにパスワードを変えて運用しましょう。文字の工夫と、定期的な変更を行い、強固なパスワードでシステムを守ってください。

7 chapter

セキュリティ管理

サーバーをうまく設定できても、セキュリティがおろそかだと、不正操作やウイルスの侵入などによって深刻な事態を招きかねませんので、最後に基本的なセキュリティ対策について学習しましょう。

Chapter 7　不正侵入とウイルス、情報漏洩への対策

1 セキュリティ対策の重要性

ネットワークの外側と内側、両方の対策が必要

　サーバーを構築し、運用・管理していく上で欠かせないのがセキュリティ対策です。インターネットに公開するサーバーはもちろんのこと、インターネットに接続されているネットワーク内のサーバーやクライアントでも、必ずセキュリティ対策を講じる必要があります。

　では、実際にどのようなセキュリティの危険があるのでしょうか。大きく分けて、インターネットからやってくる外からの危険と、ネットワークを使用している側が引き起こす危険の2つがあります。

　ネットワークの外からやってくる危険の代表的なものが、**不正侵入**と**ウイルス**です。不正侵入とは、正規のユーザーではない第三者がサーバーに入り込み、データを破壊、改ざんしたり、盗むことです。ウイルスとは、コンピュータに危害を加えることを目的としたプログラムのことです。メール経由だけでなく、クライアントが閲覧したウェブページにウイルスが仕込まれているケース、USBメモリなどの記憶媒体で持ち込まれるケースもあります。

　ネットワークを使用している側が引き起こす危険の代表的なものが、機密情報の不正持ち出しによる**情報漏洩**です。ネットワークの外から不正侵入した第三者が機密データを盗むケースもありますが、企業ネットワークの正規ユーザーである社員が勝手に持ち出すケースも多いのです。

　ネットワークの外からやってくる危険に対しては、サーバーの設定やセキュリティ対策ソフトの導入などで対処します。また、クライアントの設定にも気を配り、ネットワークではなくUSBメモリなどの記憶媒体経由で外からやってくる危険に対しても備えるのが理想です。ネットワークを使用している側が引き起こす危険に対しては、IDとパスワード管理、アクセス権の管理などサーバーで対処するほか、セキュリティ向上のためのルールを作り、ユーザーに徹底させるなどの対策も必要です。

chapter 7　セキュリティ管理

ネットワーク内外にある危険

ネットワーク外の危険

セキュリティ対策ソフトの導入やサーバー設定で対処

● 不正侵入

ネットワーク

Login

なりすまし、盗み見、改ざんなど

インターネット

侵入者　OK!

● ウイルス

ネットワーク

さまざまな感染経路があり、そこからネットワーク内に拡がってゆく

インターネット

メールや怪しいサイトの閲覧

CDやDVDメディア

USBメモリなどのメモリメディア

ネットワーク内の危険

ネットワーク

・IDとパスワード管理
・アクセス権管理を徹底する

・セキュリティ向上のためのルール作り

DELETE　COPY

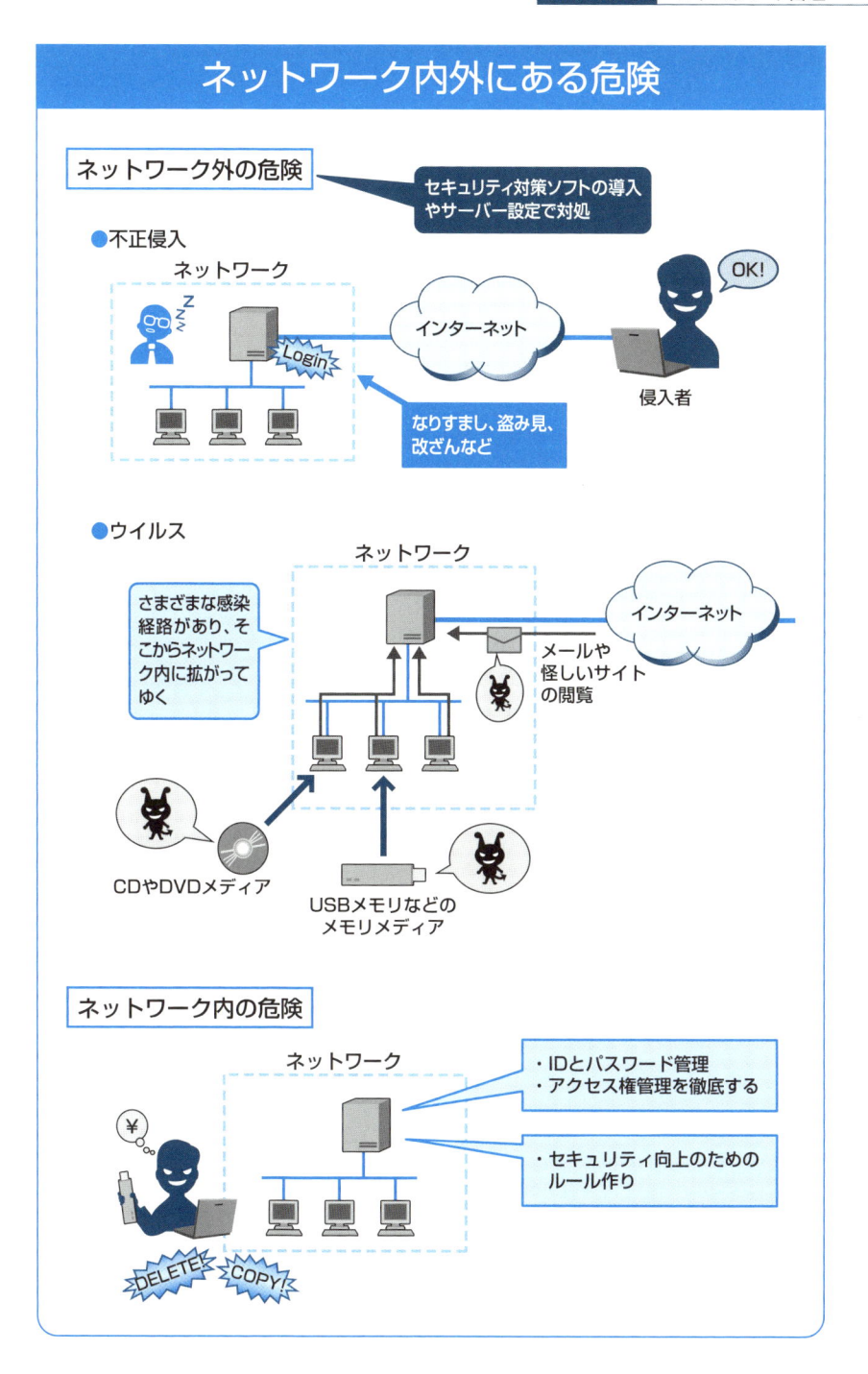

chapter 7 企業情報を守る

2 企業ネットワークでのセキュリティ対策

ネットワーク内のコンピュータと情報を守る

　企業ネットワークの多くがインターネットに接続していますので、インターネットからやってくるさまざまなセキュリティの危険に備えることが重要なセキュリティ対策になってきます。また、機密情報を不正に持ち出されないように対策を講じる必要もあります。

　それぞれの技術については後で詳しく解説しますが、まず、どのような対策が必要なのかを一通り挙げてみましょう。ネットワークをインターネットに接続するのであれば、最低限これだけの対策は必須です。

- **不正侵入に備えてファイアウォールを設置**
　インターネットやほかのネットワークへの出入口となるゲートウェイにファイアウォールを設置することで、不正侵入に備えます。また、IDS（侵入検知システム）を併用し、不審なアクセスを検知し対処するケースもあります。
- **ウイルス対策ソフトの導入**
　サーバー用のウイルス対策ソフトを導入し、メールやウェブのデータに含まれるウイルスを防ぎます。記録媒体で持ち込まれるウイルスに備えて、各クライアントにウイルス対策ソフトを導入すればさらに安全です。
- **サーバーやルーターのアップデート、設定に気を配る**
　サーバー用OSや、導入しているサーバー用ソフトのアップデートを行い、セキュリティ上の問題を解決します。不要なサービスを停止するなど、安全に運用するための設定を行います。
- **アクセス権、IDとパスワード管理を徹底する**
　機密情報が含まれるデータに対して、誰がアクセスできるのかを設定・管理します。サーバーやネットワーク機器のIDとパスワード管理をはじめ、クライアントのID、パスワード管理もきちんと行います。

chapter 7　セキュリティ管理

主なセキュリティ対策

不正侵入対策

企業ネットワーク

ファイアウォールを導入 → データが危険かどうかをチェックする

CHECK!

インターネット

IDSを導入 → 不審なアクセスを検知し対処する

NO……

ウイルス対策

企業ネットワーク

ウイルス対策ソフトを導入 → ウェブサイトやメールのウイルスをチェックする

インターネット

ウェブサイト

メール

クライアントにも導入するとさらに安全

その他の注意点・対策

企業ネットワーク

OK!

管理者

サーバー

- サーバー用OSのアップデート
- 不要なサービスの停止
- アクセス権、ID、パスワードの管理を徹底

161

chapter 7 不正侵入を入口で食い止めるファイアウォール

3 ファイアウォールでネットワークを守る

ゲートウェイで行き来するデータを監視し不正侵入を防ぐ

　インターネットに接続しているネットワークは、常にインターネットからの不正侵入の危険にさらされています。そこで、ネットワークの出入口である**ゲートウェイ**で、やりとりされるデータを監視し、安全と判断したデータだけを通します。この仕組みを**ファイアウォール**と呼びます。インターネットからやってくるデータだけでなく、ネットワークの中からインターネットへと送られるデータを監視することもできます。

　ファイアウォールを設置する場合は、まず、どのデータのやりとりを許可するかという基準を決めます。不正侵入を試みる悪意のあるデータはもちろん遮断しますが、企業ネットワークの場合、企業が定めるセキュリティの基本方針（**セキュリティポリシー**）に従い、業務に関係のないネットワークサービスのデータは許可しないなどの基準が加わることもあります。

　基準を決めたら、その基準に合わせたファイアウォール用の機器やソフトウェアを用意して設定します。小規模のネットワークや家庭のネットワークでは、ファイアウォール機能を備えた**ルーター**などの機器を使用するケースが多く見られます。企業ネットワークではファイアウォール専用のサーバーを用意しています。ルーターなどの機器は手軽に導入できますが、高度な設定は行えません。セキュリティの面から見ても、専用のサーバーの方がより安全です。Windows ServerやUNIX系OSにファイアウォールのソフトウェアをインストールし自前で構築することもできますが、専用のハードウェアにソフトウェアを組み込んである**アプライアンスサーバー**を利用することも可能です。ファイアウォール機能をはじめ、ウイルス対策など総合的にセキュリティ対策を行う**統合脅威管理（UTM）**に対応したアプライアンスサーバーを導入するケースも増えてきました。UTMはセキュリティ対策をアプライアンスサーバ1台でまかなえるため、管理の手間が軽減できるのが強みです。

Chapter 7　セキュリティ管理

ファイアウォールとは

ファイアウォールの働き

ネットワーク

セキュリティポリシーを決めて不正なデータを遮断

サーバー

ゲートウェイ
（ファイアウォール）

インターネット

クライアント

いろいろあるファイアウォール

ファイアウォール機能を備えたルーター

小規模ネットワークや家庭のネットワークで使用されることが多い

ルーター

サーバーにファイアウォールのソフトをインストール

企業ネットワークで使用されることが多い
ルーターより高度な設定が可能

ファイアウォール専用サーバー

あらかじめファイアウォール専用に作られたサーバー

ウイルス対策なども含め、総合的にセキュリティ対策を行う統合脅威管理（UTM）に対応したタイプもある

ファイアウォール用アプライアンスサーバー

chapter 7

4 ファイアウォールの種類

パケットフィルタリング、サーキットレベルゲートウェイ、アプリケーションレベルゲートウェイ

> データの流れのうちどこを監視するかによって3タイプに分けられる

　ファイアウォールは、**パケットフィルタリング**、**サーキットレベルゲートウェイ**、**アプリケーションレベルゲートウェイ**の3種類に分かれています。

　パケットフィルタリングは、OSI参照モデルの**ネットワーク層（TCP/IPではインターネット層）**で作られたパケットのヘッダを見て、IPアドレスやポート番号などの情報を元に判断します。例えばウェブサーバー宛てに送られてきたパケットを見て、ウェブサーバーソフトのポート番号80を指定してあれば通します。ウェブサーバー宛てにも関わらずほかのポート番号を指定しているパケットは、危険と判断して破棄します。OSI参照モデルのトランスポート層で行われるデータのやりとりの手順を記録し、ネットワーク内のクライアントが「このデータを送ってください」と要求するパケットに応えて送られてきたパケットかどうかを判断する、ステートフルパケットインスペクションも普及しています。

　サーキットレベルゲートウェイとアプリケーションレベルゲートウェイは、**プロキシ**の仕組みを使ったファイアウォールです。プロキシとは「代理」という意味で、データのやりとりをクライアントの代理として行います。データのやりとりの流れで見ると、パケットフィルタリングはクライアントからサーバーまでが1つの流れになっていますが、プロキシを使う場合はクライアントとプロキシ、プロキシとサーバーという2つの流れになります。

　サーキットレベルゲートウェイは汎用プロキシとも呼び、OSI参照モデルおよびTCP/IPの**トランスポート層**で行われるデータのやりとりの手順まで監視します。

　アプリケーションレベルゲートウェイは、単にプロキシとも呼ばれます。OSI参照モデルとTCP/IPの**アプリケーション層**まで、つまりデータのやりとりのすべてを監視します。データの中身を調べて判断することも可能です。

3種類のファイアウォール

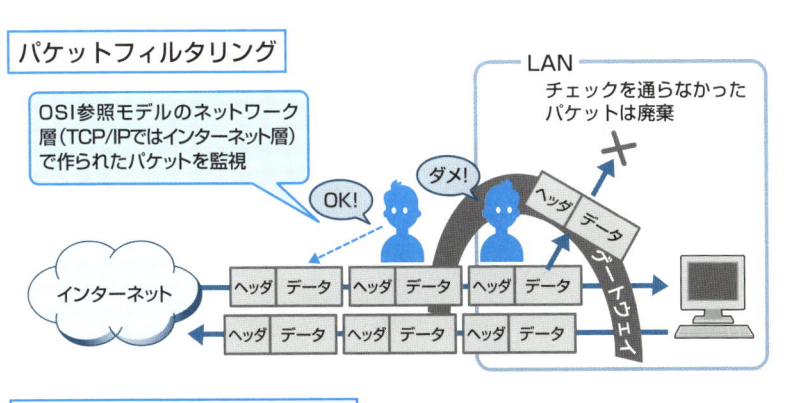

パケットフィルタリング

OSI参照モデルのネットワーク層（TCP/IPではインターネット層）で作られたパケットを監視

OK!　ダメ!

チェックを通らなかったパケットは廃棄

LAN

インターネット

サーキットレベルゲートウェイ（汎用プロキシ）

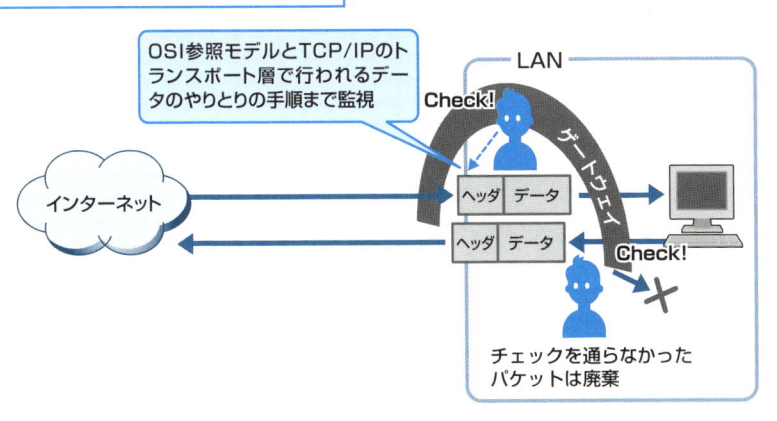

OSI参照モデルとTCP/IPのトランスポート層で行われるデータのやりとりの手順まで監視

Check!　Check!

チェックを通らなかったパケットは廃棄

LAN

インターネット

アプリケーションレベルゲートウェイ（プロキシ）

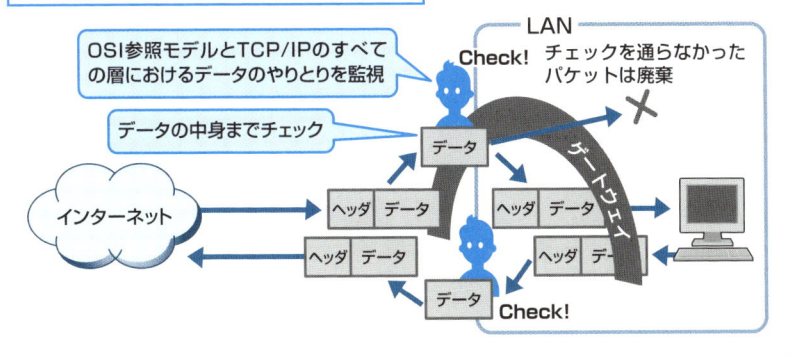

OSI参照モデルとTCP/IPのすべての層におけるデータのやりとりを監視

データの中身までチェック

Check!　Check!

チェックを通らなかったパケットは廃棄

LAN

インターネット

chapter 7 ファイアウォールの選び方

5 判断基準に応じたファイアウォールを選ぶ

小規模のネットワークならパケットフィルタリングのみでも

　インターネットを利用するのであれば、不正侵入対策としてファイアウォールの導入は必須です。では、どのファイアウォールを導入するべきでしょうか。導入と運用・管理の面から考えてみましょう。

　パケットフィルタリングは、ルーターに組み込まれていることが多く、導入しやすいのが特徴です。インターネットに公開するウェブサーバーやメールサーバーがない小規模のネットワークの場合、パケットフィルタリングのみというケースも多く見られます。また、IPパケットのヘッダ情報のみを調べているので、処理速度が速いのも特徴です。しかし、ほかのファイアウォールと比べるとセキュリティ効果は劣ります。

　サーキットレベルゲートウェイと**アプリケーションレベルゲートウェイ**は、コストと管理・運用の手間はかかりますが、パケットフィルタリングよりもセキュリティ効果は高く、多くの企業ネットワークで導入されています。

　アプリケーションレベルゲートウェイはデータの中身まで調べるので、危険なデータかどうかだけでなく業務に関係のないデータ、情報漏洩につながるデータかどうかも判断できます。しかし、ウェブページのデータを調べるならHTTPプロトコルに対応したHTTPプロキシソフトというように、アプリケーション層のプロトコルごとにソフトウェアが必要になります。処理速度が遅く、データが渋滞を起こす場所＝ボトルネックになってしまうという問題もあります。そうならないために設備を充実させる必要が出てくるので、導入コストはかかります。

　サーキットレベルゲートウェイは、プロトコルごとにソフトウェアを用意する必要はありません。データの中身まではチェックできませんが、クライアントの代理としてデータをやりとりするので、ネットワーク内部の構成を知られないというセキュリティ面の効果はあります。

chapter 7　セキュリティ管理

各ファイアウォールのメリット・デメリット

パケットフィルタリング

家庭内LAN — パケットフィルタリング

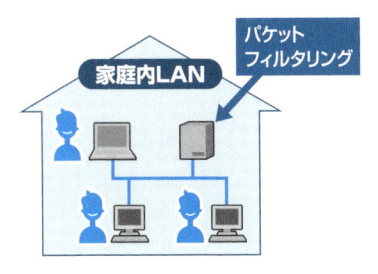

＜パケットフィルタリングのメリット・デメリット＞

メリット
- ルーターに組み込まれていることが多く導入しやすい
- 小規模のネットワークに適している
- IPパケットのヘッダ情報のみを調べているので処理速度が速い

デメリット
- ほかの方式に比べるとセキュリティ効果が劣る

サーキットレベルゲートウェイ／アプリケーションレベルゲートウェイ

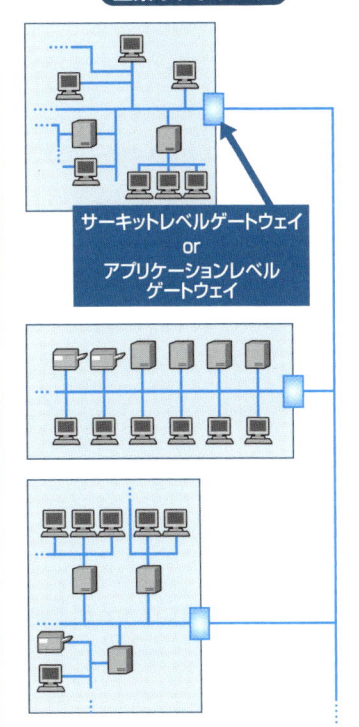

企業ネットワーク — サーキットレベルゲートウェイ or アプリケーションレベルゲートウェイ

＜サーキットレベルゲートウェイのメリット・デメリット＞

メリット
- アプリケーションレベルゲートウェイのようにプロトコルごとにソフトウェアを用意する必要がない
- クライアントの代理としてデータをやりとりするので、ネットワーク内部の構成を知られないというセキュリティ面の効果がある
- パケットフィルタリングよりセキュリティ効果は高い
- 企業ネットワークに適している

デメリット
- コストと管理・運用の手間がかかる

＜アプリケーションレベルゲートウェイのメリット・デメリット＞

メリット
- データの中身まで調べるので危険なデータかどうかだけでなく業務に関係のないデータ、情報漏洩につながるデータかどうかも判断できる
- パケットフィルタリングよりセキュリティ効果は高い
- 企業ネットワークに適している

デメリット
- アプリケーション層のプロトコルごとにソフトウェアが必要になる
- 処理速度が遅い
- コストと管理・運用の手間がかかる

chapter 7　内部のサーバーとクライアントを守る

6 インターネットに公開するサーバーはDMZに設置する

インターネットに公開しないサーバーやクライアントと分ける

　インターネットに公開するサーバーを設置していないネットワークの場合、インターネット側から「データを送ってください」という要求データがネットワークに届くことはありません。ですから、ファイアウォールでそのようなデータはすべて遮断するよう設定します。しかし、インターネットに公開するサーバーを設置しているネットワークの場合、インターネット側からの要求データを受け入れる必要があります。**ファイアウォール**で受け入れる設定にすればいいのですが、インターネットに公開していないサーバーやクライアントへの要求データも受け入れることになり、危険です。また、インターネットに公開するサーバーは不正侵入の危険が非常に高いものです。同じネットワークに、インターネットに公開するサーバーと公開しないサーバーやクライアントが混在していると、インターネットに公開するサーバーに侵入され、ほかのサーバーやクライアントに被害が及ぶ危険もあります。

　そこで、インターネットに公開するサーバーと、公開しないサーバーやクライアントを分けたネットワークを構築します。インターネットに公開するサーバーを設置するネットワークの領域を**DMZ**と呼びます。一般的には**3つのネットワークインターフェイスを持つファイアウォール**を設置し、インターネットに公開するDMZと公開しない内部のネットワークに分けます。より安全性を考えて2つのファイアウォールを設置し、ファイアウォールとファイアウォールの間にDMZを作る方法もあります。

　DMZには、ウェブサーバーやメールサーバー、DNSサーバー（コンテンツサーバー）など、**インターネットの側から要求データを受け入れる必要のあるサーバーのみを設置**します。ウェブサーバーと連携して動作するデータベースサーバーは直接インターネット側からの要求データを受け入れることはありませんので、内部のネットワークに設置します。

chapter 7　セキュリティ管理

DMZとは

DMZがないネットワーク

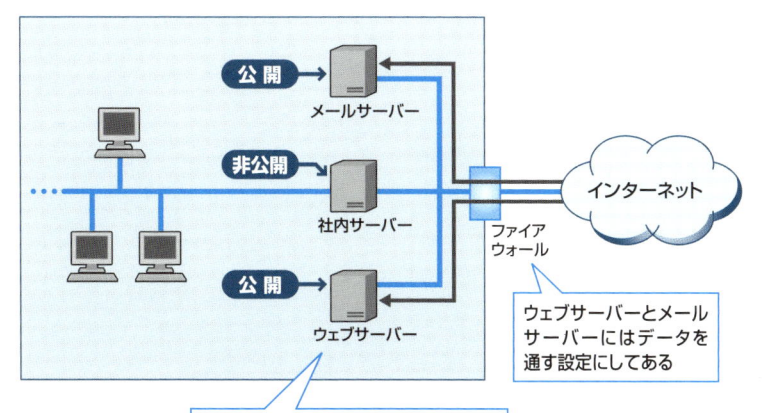

公開 → メールサーバー
非公開 → 社内サーバー
公開 → ウェブサーバー

ファイアウォール
インターネット

ウェブサーバーとメールサーバーにはデータを通す設定にしてある

公開しているサーバーが不正侵入されたりウイルスに汚染されたりすると、非公開サーバーやクライアントにも被害が及んでしまう

DMZを導入したネットワーク

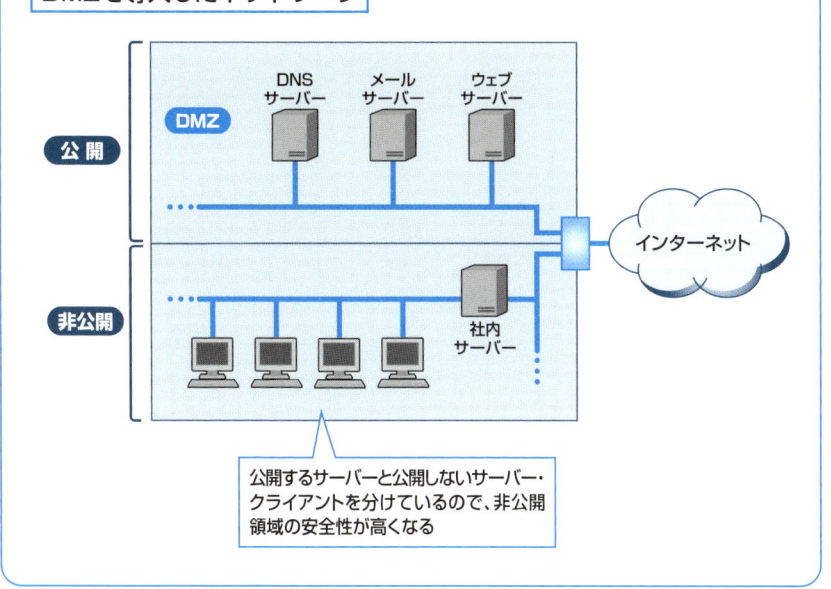

公開
DMZ：DNSサーバー、メールサーバー、ウェブサーバー

非公開
社内サーバー

インターネット

公開するサーバーと公開しないサーバー・クライアントを分けているので、非公開領域の安全性が高くなる

chapter 7 ファイアウォールを正しく設定する

7 ファイアウォールの構築

外部の攻撃からネットワークを守る砦

　ほとんどのサーバーOSには、外部からの侵入や攻撃を防止するための「ファイアウォール機能」が付属しています。これはセキュリティの中心と言ってもいい存在です。

　ファイアウォールには、
・ネットワークの外部から、内部のPCを見えなくする
・ネットワーク内から外部へのデータは通すが、外部からネットワーク内のPCへのアクセスをシャットアウトする
など、いくつかの種類があります。

　侵入経路をふさぐのは**NAT**と呼ばれる機能で、IPアドレスを別のIPアドレスに変換することで、外部からのアクセスを防ぎます。また、「パケットフィルタリング」は、データの中身を見て、そのデータをネットワーク内に通すかどうかを判断する機能で、不正な要求が含まれているデータを処分して、ネットワーク内に通さないようにします。これらの機能はルーターにも搭載されています。

　Windows Server 2008には「Windowsファイアウォール」という機能が付いていて、デフォルト状態でオンになっています。ファイアウォールをきめ細かく設定したいときには、サーバーマネージャの［構成］から［セキュリティが強化されたWindowsファイアウォール］で規則を変更したり、追加したりすることができます。

　ファイアウォールは、ネットワークの砦です。「よくわからないから設定しない」のではなく、正しく設定して、ネットワークの安全を守りましょう。また、ファイアウォール機能と、正しく設定したルーター、ウイルス対策ソフトなど、複数の方法を組み合わせて利用することで、安全性を飛躍的に高めることができます。

chapter 7　セキュリティ管理

ファイアウォールでネットワークを守る

ファイアウォールの基本は一方通行

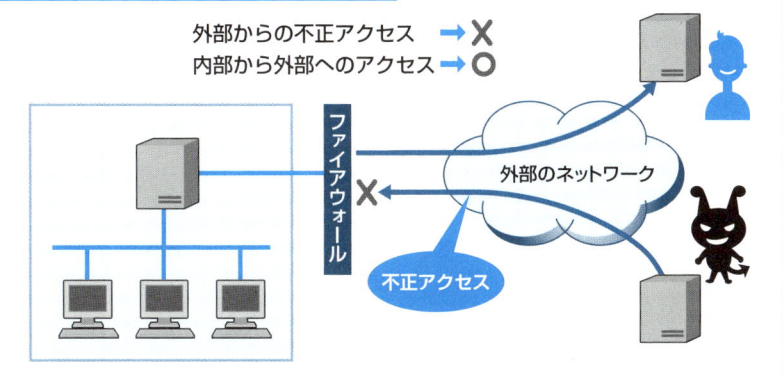

外部からの不正アクセス → ✕
内部から外部へのアクセス → ○

外部のネットワーク

ファイアウォール

不正アクセス

ファイアウォールの設定

● 外部から内部にアクセスできるコンピュータやポートを正しく設定するのがポイント

信頼できるところからのアクセスはOK！

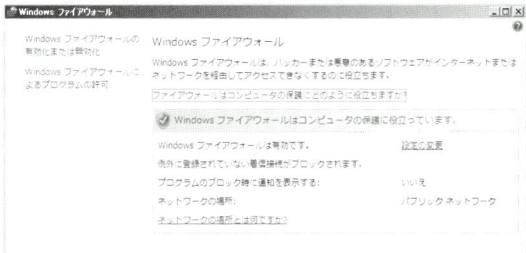

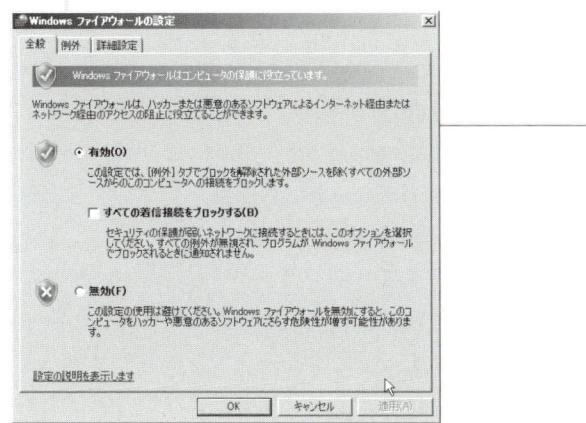

Windows Server 2008のファイアウォール設定画面

171

chapter 7　OSのセキュリティ対策

8　OSのアップデート

運用状況にあった方法で更新する

　たとえサーバー用のOSであっても、残念ながら世の中に1つもバグのない「完璧なソフトウェア」は存在しません。特定の条件が重なったときだけ表に出てくるバグが潜んでいることもありますし、セキュリティホールが見つかることもあります。また、環境の変化によってOSに新しい対策を施す必要が生じることもあります。

　そこで重要なのが、**OSのアップデート**です。例えば、Windows Server 2008では、OSの更新方法が4つ用意されています。

1. 自動更新を行わないで、管理者が手動で更新する
2. 更新があるかどうかを調べる（ダウンロードや自動更新は行わない）
3. 更新があったら、更新するファイルをダウンロードする（更新するかどうかは管理者が判断する）
4. 更新があったら、更新するファイルをダウンロードして指定した時刻に自動的に更新する（自動更新）

　サーバーの運用状況に応じて、どの更新方法を選ぶかを決めます。
　4.の自動更新では、常に最新の状態にサーバーを保つことができます。ただし、更新時にコンピュータの再起動を行うこともありますから、サーバーがあまり使われていない深夜や早朝などの時刻に更新時刻を指定します。
　OSの更新内容によっては、サーバーで動かしているアプリケーションに影響が生じる可能性もあります。このようなときは、自動更新にせず、手動更新や更新の有無をチェックするだけにしておきます。そしてメンテナンス時間などサーバーを利用するユーザーのいないときに更新したり、必要な場合はテストを行うといいでしょう。

chapter 7　セキュリティ管理

OSは最新の状態にアップデート

自動更新の手順

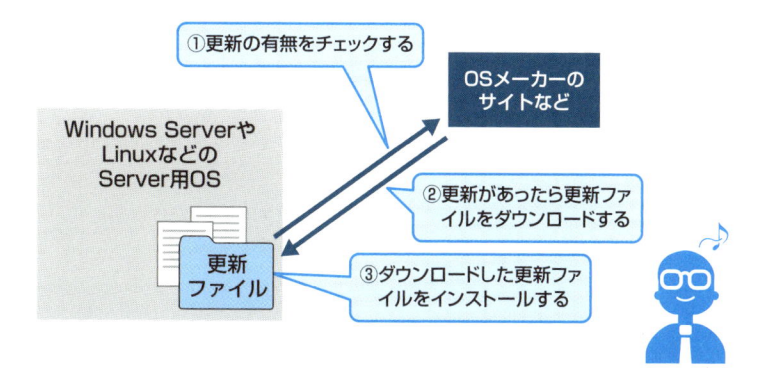

①更新の有無をチェックする

OSメーカーのサイトなど

Windows ServerやLinuxなどのServer用OS

②更新があったら更新ファイルをダウンロードする

更新ファイル

③ダウンロードした更新ファイルをインストールする

自動更新にしておくと定期的に①～③を行ってくれるので、手間が省ける

手動更新の手順

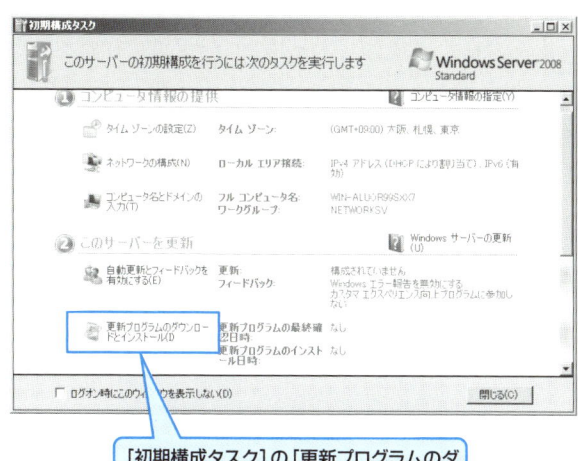

[初期構成タスク]の[更新プログラムのダウンロードとインストール]をクリックする

アプリケーションへの影響なども考えてテスト等を行うなど、より細かな更新ができる。更新の時間も自由にできる

chapter 7 セキュリティポリシーを設定する

9 OSの設定でセキュリティを強化

設定したセキュリティポリシーに従って検疫、自動修復できる

　ネットワーク上の検疫とも呼べる機能が、Windows Server 2008の「ネットワークアクセス保護（NAP）」です。

　例えば、ウイルス対策ソフトの入っていないクライアントPCを外部から持ち込まれてネットワークに接続されてしまったら、ウイルスなどが蔓延する可能性があります。また、OSを更新せず、セキュリティホールが残ったままのクライアントPCが持ち込まれることもあります。そのようなとき、サーバーが検疫して、不正なクライアントPCをネットワークに接続させないようにすることができるのです。

　このような「ウイルス対策ソフトを必ずインストールする」、「OSは最新の状態にする」といった条件を「**セキュリティポリシー**」と言います。NAPはあらかじめ設定しておいたセキュリティポリシーに従って、ネットワークを検疫します。ですから、セキュリティポリシーをきちんと設定しておけば、管理の手間をかなり減らすことができます。

　また、OSが古いことが原因で接続を拒否されたクライアントなら、サーバーからクライアントに更新プログラムを適用して安全な状態にしてからネットワークに接続できるように自動修復する機能もあります。セキュリティポリシーを守っていないクライアントをいちいち設定し直す手間も省けるというわけです。

　また、Windows Server 2008には、接続されているハードディスク全体を暗号化する「BitLockerドライブ暗号化」という機能もあります。万が一、サーバーからハードディスクを盗まれるようなことになっても、暗号化されていればデータの中身を見られることはありません。機密情報を扱うサーバーでは、暗号化しておくと安心です。

Chapter 7　セキュリティ管理

ネットワークアクセス保護の効果

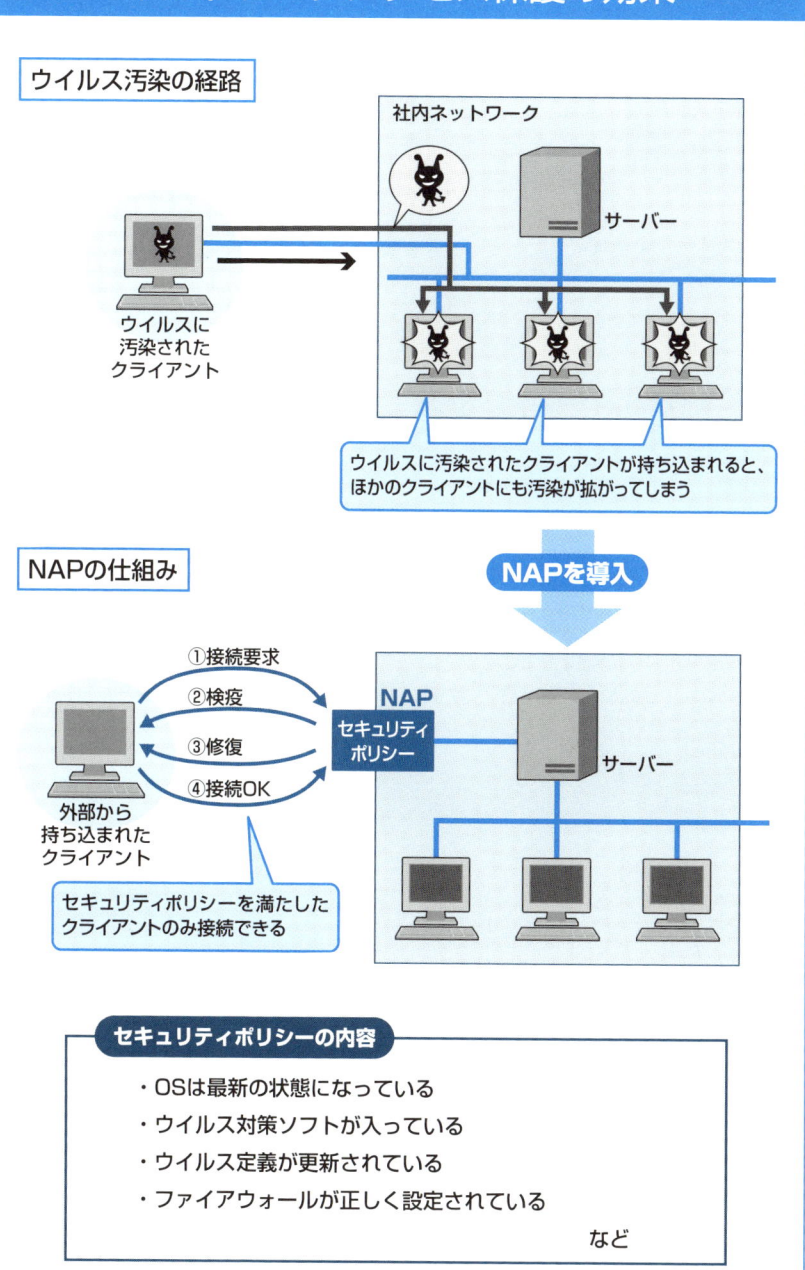

ウイルス汚染の経路

社内ネットワーク

サーバー

ウイルスに汚染されたクライアント

ウイルスに汚染されたクライアントが持ち込まれると、ほかのクライアントにも汚染が拡がってしまう

NAPの仕組み

NAPを導入

① 接続要求
② 検疫
③ 修復
④ 接続OK

外部から持ち込まれたクライアント

NAP
セキュリティポリシー

サーバー

セキュリティポリシーを満たしたクライアントのみ接続できる

セキュリティポリシーの内容

・OSは最新の状態になっている
・ウイルス対策ソフトが入っている
・ウイルス定義が更新されている
・ファイアウォールが正しく設定されている

　　　　　　　　　　　　　　　　　　　　など

chapter 7 複雑化する感染経路に対応する
10 ウイルス対策ソフトを導入する

一括導入・管理することで、より強固なシステムに

　インターネットのウェブページやメールの添付ファイルから、PCがウイルスに感染してしまうことがあります。最近では、ネットワーク経由で感染するほかに、外部から持ち込んだUSBメモリに入っているファイルからウイルスに感染するというケースも増えています。以前よりウイルスが減少しているということはなく、感染経路はさらに複雑になってきているのが現状です。

　Windowsを搭載したPCをターゲットにしたウイルスが数多く報告されていますが、Mac OS XやLinuxなどのOSで感染するウイルスもあります。ウイルスに感染すると、個人情報を外部に流出させてしまったり、最悪の場合にはPCが壊れてしまうこともあります。特に、サーバーがウイルスに感染してしまうと、被害は甚大になります。使用しているOSに関わらず、サーバーにもクライアントPCにも、**ウイルス対策ソフト**を必ずインストールしておかなくてはならないのです。

　クライアント／サーバー環境でウイルス対策ソフトを導入するなら、システム全体に一括して導入できるタイプが使いやすいでしょう。サーバーにセットアップすれば、クライアントへの導入もサーバーからの指示で行うことができます。また、設定内容を決めておけば、すべてのクライアントPCを自動的にセットアップできますから、設定漏れの心配がありません。もちろん、設定を変更するときも、サーバーから行えます。

　万が一、クライアントPCが感染してしまったり、異常な動作をしたときには、ログをチェックすることで原因を特定できます。また、ウイルス対策ソフトには、ウイルスのほかに、スパイウェアやマルウェアなどの悪意を持ったソフトの検出ができるものがありますので、ニーズに合ったものを選びましょう。

chapter 7 セキュリティ管理

ウイルス感染とその対策

ウイルスの感染経路

インターネット
サーバー
クライアント

メモリカード
USBメモリ
DVD
CD-ROM
など

ウイルス対策をとる

ウイルス定義ファイル
ウイルス対策ソフトのメーカーのサーバー
インターネット
ウイルス対策ソフト
サーバー

① サーバーにソフトをインストール
② メーカーからウイルス定義ファイルをダウンロード
③ サーバーがクライアントの定義ファイルを一括更新

システム全体を守れる

177

chapter 7 不正なデータをシャットアウトする
11 ルーターでの
セキュリティ対策

ルーターでのセキュリティ対策

　ルーターは、設定された情報を基に、データの通り道（ルート）を決めるネットワーク機器の1つです。例えば、営業所AのネットワークAと、営業所Bで使っているネットワークBがあり、両者をつないで使いたいときには、ネットワークの間にルーターを設置します。そして、ルーターには、「ネットワークAからネットワークB宛てに送られてきたファイルがあったら、ネットワークBに送り届ける」と設定しておきます。実際に、ファイルがネットワークAから送られてきたときは、ルーターは設定情報を使用して、ファイルをネットワークBに送るという仕組みになっています。このように、複数のネットワークを接続して利用するときに不可欠なのがルーターというわけです。

　ルーターにはどのネットワークにデータを届けるかという情報が記録されていますが、逆に見るとルーター内部のネットワーク宛てではないデータが送りつけられてきたとき、ルーターは受け取りを拒否することになります。現在では、ネットワークの外部からサーバーやクライアントなど内部のPCに不正にアクセスして、データを盗みだそうとする「不正アクセス」が無視できないほど増えていて、ルーターへのアクセスが急増しています。このようなときルーターを正しく設定しておけば、不正アクセスや外部からの侵入の大部分を防ぐことができるというわけなのです。

　上手に活用するとセキュリティ面でも頼もしいルーターですが、設定を誤るとネットワークにアクセスできなくなることもあり、慎重な設定が求められます。使用するポートと使用しないポートを洗い出し、正しく設定するようにしましょう。

　なお、ルーターにもソフトウェアが入っています。バグやセキュリティホールが見つかったときには、すみやかに更新するようにしてください。

'
ルーターで外部からの侵入を防ぐ

ルーターがデータのルートを決める

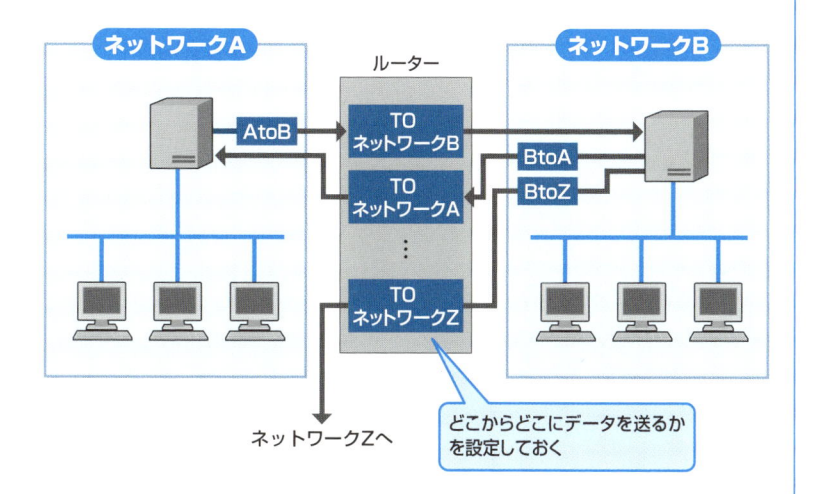

- ネットワークA
- ネットワークB
- ルーター
- AtoB
- TO ネットワークB
- BtoA
- TO ネットワークA
- BtoZ
- TO ネットワークZ
- ネットワークZへ
- どこからどこにデータを送るかを設定しておく

不正アクセスを拒否する

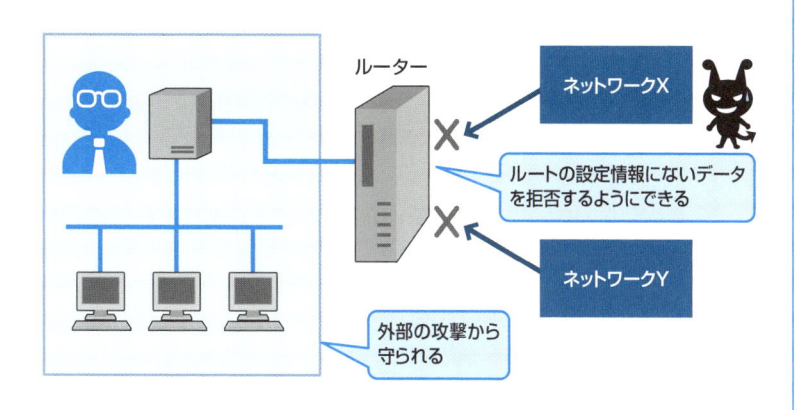

- ルーター
- ネットワークX
- ルートの設定情報にないデータを拒否するようにできる
- ネットワークY
- 外部の攻撃から守られる

ルーターの設定を誤るとネットワークにアクセスできなくなることもあるので、設定は慎重に行う

chapter 7　データの盗聴を防ぐ

12　SSLを導入する

データを暗号化して安全にやりとりする

　インターネットを経由してやりとりされるデータは、いくつものサーバーやルーターを通っていきます。実は、データを監視していると、どんな内容をやりとりしているか一目瞭然で、誰かが盗聴している可能性もあるのです。クレジットカードの情報やパスワード、住所や電話番号など、外部に漏らしたくない情報はたくさんありますが、これらをそのままインターネット上に流すのは危険すぎるということは、おわかりでしょう。

　そこで、安全のために大事なデータは「暗号化」して送ることにしましょう。一般によく使われているのは、多くのオンラインショッピングサイトや会員制サイトのログインに採用されている「**SSL (Secure Socket Layer)**」と呼ばれる公開鍵暗号化方式です。

　SSLの仕組みは、次のようになっています。クライアントがサーバーに接続すると、まずサーバーがクライアントに「証明書（公開鍵）」を送ります。クライアントは受け取った証明書が信用できるかどうかをチェックします。信用できると判断した場合には、ランダムに作成した「共通鍵」と、暗号化したデータをサーバーに送ります。サーバーは受け取ったデータを復号して使用するという仕組みです。

　暗号化されたデータを不正に解読するには長い時間がかかるので、実質的に安全だとされています。また、ここで使われる証明書には、「CA (Certificate Authority)」という認証局のサインが入っていますが、信頼できる認証局のサインであることが、クライアントがサーバーとデータをやりとりするかどうかを判断するときの決め手となります。

　なお、Windows Server 2008で、SSLを利用できるようにするには、認証局のサイン入り証明書を取得してサーバーにインストールし、SSLを有効に設定する作業を行います。

chapter 7　セキュリティ管理

SSLでデータを暗号化する

インターネットでは情報が丸見え

パスワードは ABCD

パスワードは「ABCD」だな……

大事なデータを暗号化する

SSLの暗号化手順

クライアント　　　　　　　　　　　サーバー

① 接続

② 証明書を送る

③ 証明書を確認する

④ 暗号化したデータと共通鍵を作る

鍵がないとデータを理解できない

認証局

OK!

chapter 7　OSとウイルス対策ソフトを常に最新の状態にする
13 クライアントの セキュリティ対策

ウイルス対策とOSの更新が必須

　クライアントは直接外部のネットワークに接続されているわけではありませんが、システムを安全に利用するためには、**クライアントのセキュリティ対策**も必要不可欠です。

　まず、174ページで説明した通り、ウイルス対策ソフトは必ずインストールするようにしてください。また、ウイルス定義ファイルはきちんと更新して、常に最新の状態をキープするようにします。

　もう1つ大切な対策は、クライアントOSをきちんと更新して、最新の状態にしておくことです。多くの場合、セキュリティホールが見つかりその対策が行われるたびに修正プログラムが出されます。OSを更新することで、セキュリティホールをふさぐことができるというわけです。ウイルス対策ソフトを正しく使っていても、セキュリティホールが残ったままでは、安全なシステムとは言えないのです。

　なお、Windowsクライアントの場合には、Windows Updateで修正プログラムを更新することもできますし、サーバーOSがWindows Server 2008ならクライアントのOSを一括してインストールしたり更新することができます。

　万が一、クライアントがウイルスなどに感染してしまった場合には、即座にPCをネットワークから切り離します。その後、ウイルスの除去等を行い、安全を確保してから戻すようにしてください。

　外部への情報漏洩は、ネットワークを経由するものと、USBメモリやCD-ROM、DVD-Rなどのメディアを使ったものに分けることができます。ネットワークからの漏洩は、136ページのようにネットワークを監視することである程度防ぐことができます。最近増えているメディア経由の漏洩に関しては、メディア利用や持ち込みのルールを定めて、それを守るよう徹底させることが必要となります。

chapter 7 セキュリティ管理

クライアントのためのセキュリティ対策

クライアントをウイルスから守るための必須事項

- サーバー
- 外部ネットワーク
- クライアント

・ウイルス対策ソフトをインストールする
・ウイルス対策ソフトの定義ファイルを常に最新のものにする
・OSを最新の状態にする

万が一クライアントがウイルスに感染したらネットワークから切り離してウイルスを除去する

外部への情報流出を防ぐには

クライアントの外部とのやりとりの内容を記録する

外部ネットワーク

ファイルのコピーや持ち出し／持ち込みのルールを定める

- メモリカード
- USBメモリ
- CD/DVD

ユーザーにルールを徹底する

付録

10進数→2進数、2進数→10進数の変換

　第2章で行ったように、サブネットマスクの計算などでは、IPアドレスを10進数から2進数に、2進数から10進数にと変換する機会があります。電卓を使えば簡単ですが、どうやって計算するかは知っておいた方がよいでしょう。算数が苦手な人には難しく感じるかもしれませんが、コツをつかめば意外と簡単です。

■ 10進数から2進数に変換

　変換したい10進数を、2で素因数分解していきます。10進数表記の数字を2で割っていき、最後に「0余り1」になるまで計算します。余りの部分が2進数の値となります。最初に計算した「余り」から順番に2進数の1桁目、2桁目……となります。IPアドレスの場合、2進数の表記では必ず8桁となるので、桁が足りない分は大きい桁の方（左側）に0を足して8桁に揃えます。

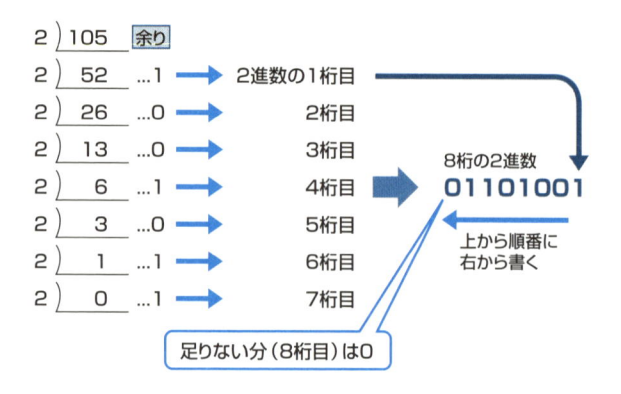

```
2 ) 105    余り
2 )  52  …1  →  2進数の1桁目
2 )  26  …0  →  2桁目
2 )  13  …0  →  3桁目
2 )   6  …1  →  4桁目      8桁の2進数
2 )   3  …0  →  5桁目      01101001
2 )   1  …1  →  6桁目      上から順番に
2 )   0  …1  →  7桁目      右から書く
         足りない分（8桁目）は0
```

図1　10進数の105を8桁の2進数にする

appendix 付録

■2進数から10進数に変換

　IPアドレスの場合、8桁の2進数を10進数で表記するので、8桁単位で考えます。2進数の1桁目から順番に、2の0乗、2の1乗、2の2乗……と順番に当てはめていき、8桁目が2の7乗となります。「○乗」を計算すると、2進数の1桁目が1、2桁目が2、3桁目が4、4桁目が8、5桁目が16、6桁目が32、7桁目が64、8桁目が128となります。これが2進数の、それぞれの桁に対応する10進数となります。2進数表記で「1」となっている桁の分だけ、対応する10進数を足します。それが、8桁の2進数を10進数に変換した値となります。「右から順番に1、2、4、8、16、32、64、128。2進数が1になっている桁だけ足す」と覚えてしまいましょう。

```
1 0 1 1 0 0 1 0
↓ ↓ ↓ ↓ ↓ ↓ ↓ ↓
2⁷ 2⁶ 2⁵ 2⁴ 2³ 2² 2¹ 2⁰
```

2^7	2^6	2^5	2^4	2^3	2^2	2^1	2^0	← ①2の何乗か
128	64	32	16	8	4	2	1	← ②①を計算した値
1	0	1	1	0	0	1	0	← 2進数を当てはめる

128+ 0 +32+16+ 0 + 0 + 2 + 0 = **178** 10進数
（なし、なし、なし、なし）

2進数が「1」の部分だけ、②の数字を足す

図2　2進数の10110010を10進数にする

■Windows OS付属の電卓で2進数、10進数の変換を行う

　Windows OSに標準装備されている「電卓」には関数電卓の機能があります。数字を入力して「10進数」「2進数」にチェックを入れるだけで、10進数と2進数の変換ができます。自分で計算した値の答え合わせなどに利用してください。

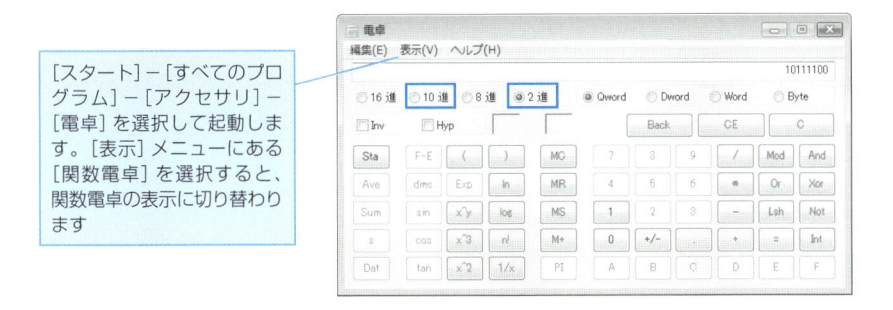

[スタート]－[すべてのプログラム]－[アクセサリ]－[電卓]を選択して起動します。[表示]メニューにある[関数電卓]を選択すると、関数電卓の表示に切り替わります

Windows Server 2008の管理ツールについて

　第4章でWindows Server 2008を使ったサーバー構築の概略を解説しましたが、管理ツール（サーバーマネージャ、初期設定タスク）の基本的な操作方法について、ここにまとめておきましょう。96ページの4-3「サーバーマネージャとは」とあわせて読んでください。

　Windows Server 2008でのサーバーの設定・管理・運用は初期設定タスクやサーバーマネージャを使って行います。「役割の追加」「機能の追加」など、共通しているメニューがありますが、OSのインストール直後に初期設定タスクで一通りの設定が済んだあとは、サーバーマネージャを使うことが多くなるでしょう。

■ サーバーマネージャの起動

　サーバーマネージャは、初期設定タスクが自動起動しないようにしたとき、次回からログオン時に起動するようになります。しかし、サーバーマネージャは、サーバーの構築・管理のときは頻繁に使いますが、普段は閉じておきたいということもあるでしょう。サーバーマネージャを一旦終了した場合は、あらためて［スタート］－［管理ツール］－［サーバーマネージャ］を選択して起動するようにしてください。デスクトップにショートカットを作っておくと便利です。

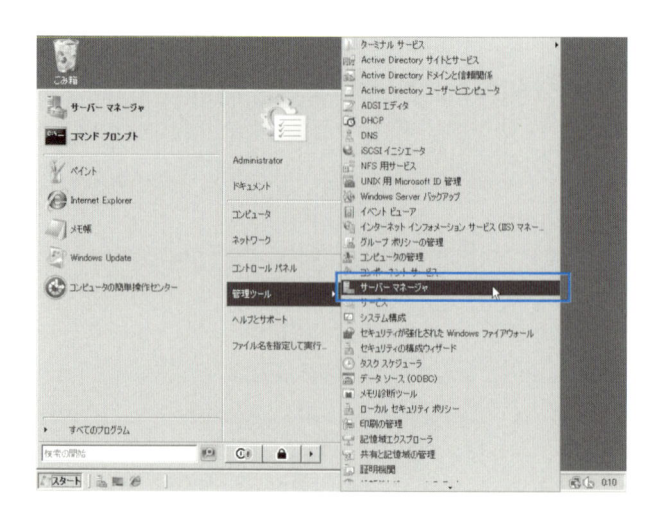

なお、初期設定タスクは［スタート］からは起動できません。使いたい場合はコマンドプロンプトで「oobe」と入力して起動します。

■ **役割の追加ウィザードの起動**

サーバーマネージャで最もよく使うのは「役割の追加」と「機能の追加」です。

「役割の追加」では、Active Directoryの各サービス、DHCPサーバーやDNSサーバーなどを追加します。サーバーマネージャの左のペインで［役割］を選択し、右のペインに表示される［役割の追加］をクリックします。

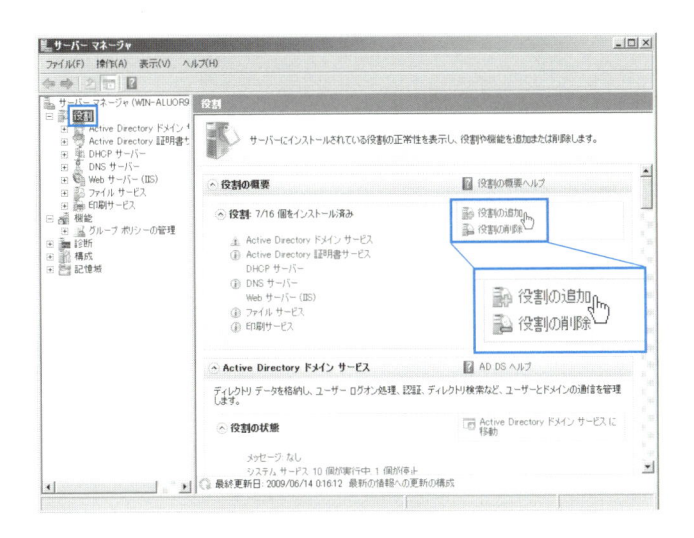

「開始する前に」画面で確認事項が表示されるので、それらを確認して「次へ」ボタンをクリックします。なお、このページは「既定でこのページを表示しない」をチェックすると次回から省略されます。

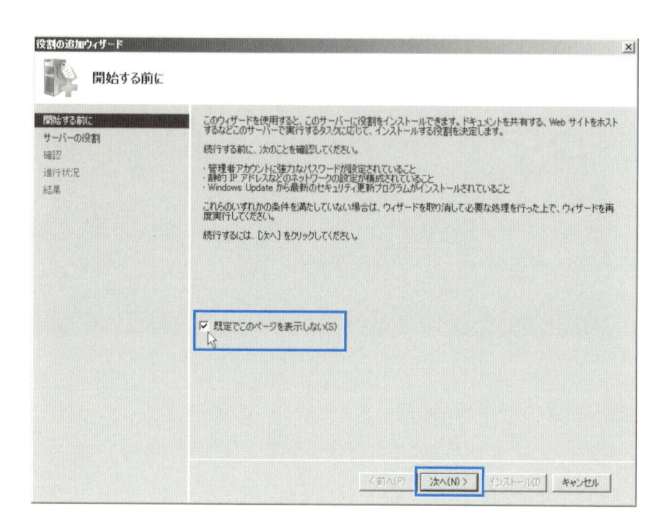

　「役割の追加ウィザード」が起動するので、ここで目的の役割をインストールします。

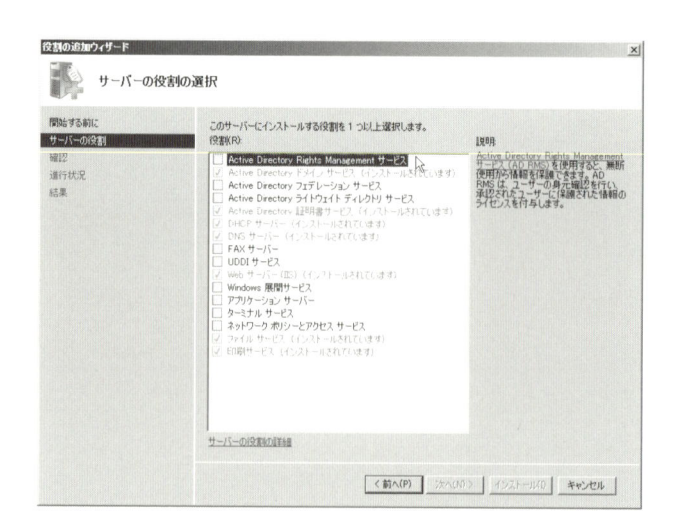

■ 機能の追加ウィザードの起動

「機能の追加」では、.NET Framework、SMTPサーバーなど、さまざまなサーバーの機能を追加します。サーバーマネージャの左のペインで[機能]を選択し、右のペインに表示される[機能の追加]をクリックします。

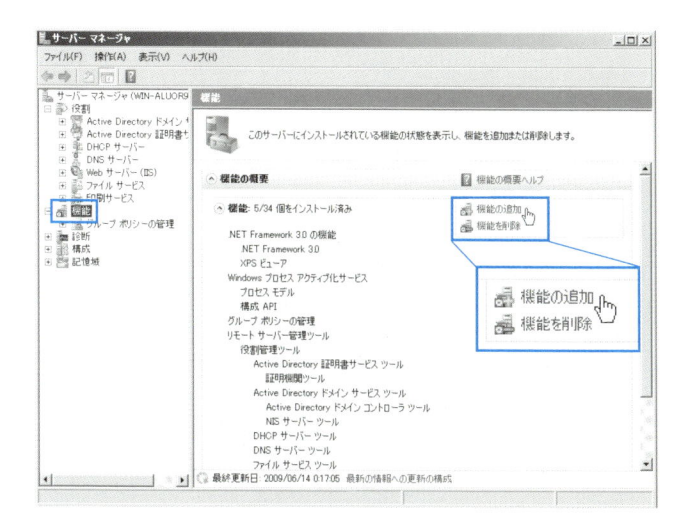

「機能の追加ウィザード」が起動するので、ここで目的の機能をインストールします。

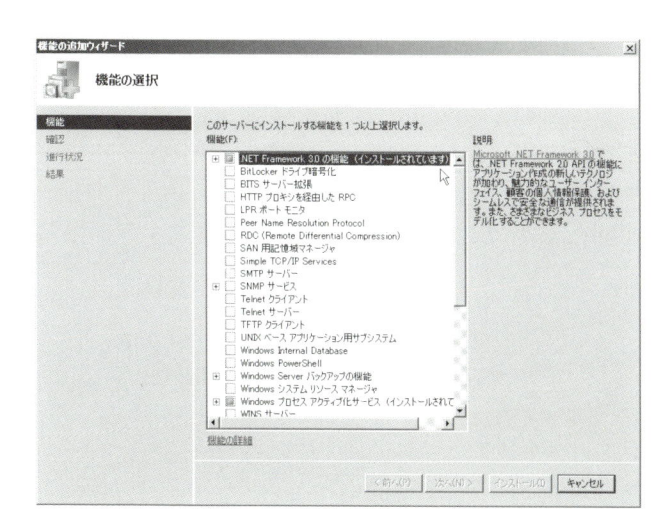

INDEX

A〜O

Active Directory	14, 76, 94, 98
Apache	124
ARPプロトコル	58
CGI	82
CIDR	54
DHCP	22, 72, 102
DMZ	168
DNS	20, 22, 64, 102, 110
FTPサービス	20, 88
HTML	80
HTTP	46, 78
IIS	124
IPv4	50
IPアドレス	48, 50, 72
IPプロトコル	48
IPマスカレード	62
MACアドレス	48, 58
NAPT	62
NAT	62, 110, 170
NTPサービス	76
OSI参照モデル	40

P〜W

PDU	38
Perl	82
PHP	82
POP3	20, 46, 84, 86, 128
PPP	48
RAID	154
RARPプロトコル	58
SMTP	20, 46, 84, 128
SSL	180
TCP	46
TCP/IP	36
UDP	46
UPS	154
URI	80
UTM	162
VPN	114
WWW	80

ア行

アクセス権	144
アプリケーションレベルゲートウェイ	164, 166
イーサネット	48
ウイルス	30, 158
ウェブサービス	20, 78
ウェルノウンポート番号	56

カ行

カプセル化	44
クライアント／サーバー型	16
クラスフル	54
クラスレス	54
グループ	142
グローバルIP	52, 62, 74
ゲートウェイ	60, 162
コネクション型	46
コロケーションサービス	132
コンテンツサーバー	130

サ行

サーキットレベルゲートウェイ	164, 166
サーバー証明書	114
サーバーマネージャ	96
サブネッティング	54
サブネットマスク	54, 72
シーケンス番号	46

情報漏洩 30, 158
初期構成タスク 96
スキーム 78
静的IPアドレス 102
静的ページ 82
セキュリティポリシー 162, 174
セグメント 38
ゾーン 130

タ行

ディレクトリサービス..........................14
データグラム 38
デフォルトゲートウェイ 72
統合脅威管理 162
動的・プライベートポート番号 56
動的IPアドレス 102
動的ページ 82
ドメイン 94
ドメインコントローラ 76, 98
ドメイン名 64, 74, 84
トレーラ 38, 44

ナ行

ネットワークアダプタ 108, 148
ネットワークアドレス..........................50
ネットワーク構成図 136
ネットワークコマンド 146

ハ行

ハウジングサービス 132
パケット 38
パケットフィルタリング 164, 166
バックアップ 152
ハブ 148
ピア・ツー・ピア（P2P）型..............16
ファイアウォール 108, 162, 168
ファイル共有 104

ファイル共有サービス 22
ファイルサーバー 70
不正侵入 30, 158
物理アドレス 58
プライベートIP 52, 62
ブラウザソフト 78
プリンタ共有 106
プリンタ共有サービス 22
プリントサーバー 70
フルサービスリゾルバ 130
フレーム 38
ブロードキャストアドレス 50
プロトコル 36
ヘッダ 38, 44
ポート番号 56
ホスティングサービス 132
ホストアドレス 50

マ行

マルチキャストアドレス 50
無線LAN 112
無停電電源装置 154
メールサービス 20

ヤ行

予約済みポート番号 56

ラ行

リゾルバ 74
ルーター 60, 108, 162, 178
ルーティング 48, 60
ルートサーバー 74, 130
レコード 130
レンタルサーバー 132

ワ行

ワークグループ 94

■**著者略歴**

増田若奈（ますだ　わかな）
1970年生まれ。上智大学文学部新聞学科卒業。編集プロダクション勤務を経てフリーライターに。主にインターネットのサービス、ネットセキュリティ、理美容家電を中心に執筆。著書に『図解ネットワークのしくみ』『パッとわかるネットワークの教科書』『Web動画配信のしくみがわかる』『10の構文25の関数で必ずわかるCGIプログラミング』『掲示板・アンケートで覚えるPerlプログラミングfor CGI』（以上、ディー・アート）がある。

カバー・本文デザイン●和田奈加子（round face）
DTP●株式会社トップスタジオ

■**お問い合わせについて**

本書の内容に関するご質問は、下記の宛先までFAXまたは書面にてお送りいただくか、弊社Webサイトの質問フォームよりお送りください。お電話によるご質問、および本書に記載されている内容以外のご質問には、一切お答えできません。あらかじめご了承ください。

〒162-0846　東京都新宿区市谷左内町21-13
株式会社　技術評論社　書籍編集部「図解 サーバー　仕事で使える基本の知識」質問係
FAX：03-3513-6167
技術評論社Webサイト：http://gihyo.jp/book/

なお、ご質問の際に記載いただいた個人情報は質問の返答以外の目的には使用いたしません。また、質問の返答後は速やかに削除させていただきます。

図解 サーバー　仕事で使える基本の知識

2009年　8月25日　初版　第1刷　発行
2013年　4月10日　初版　第5刷　発行

著　者	増田若奈
発行者	片岡　巌
発行所	株式会社技術評論社
	東京都新宿区市谷左内町21-13
	電話　03-3513-6150　販売促進部
	03-3513-6160　書籍編集部
印刷／製本	株式会社 加藤文明社

定価はカバーに表示してあります。

本書の一部または全部を著作権法の定める範囲を超え、無断で複写、複製、転載、あるいはファイルに落とすことを禁じます。

©2009　増田若奈

造本には細心の注意を払っておりますが、万一、落丁（ページの抜け）や乱丁（ページの乱れ）がございましたら、弊社販売促進部へお送りください。送料弊社負担でお取り替えいたします。

ISBN978-4-7741-3879-4 C3055
Printed In Japan